"十二五"职业教育国家规划教材

经全国职业教育教材审定委员会审定

配套电子课件

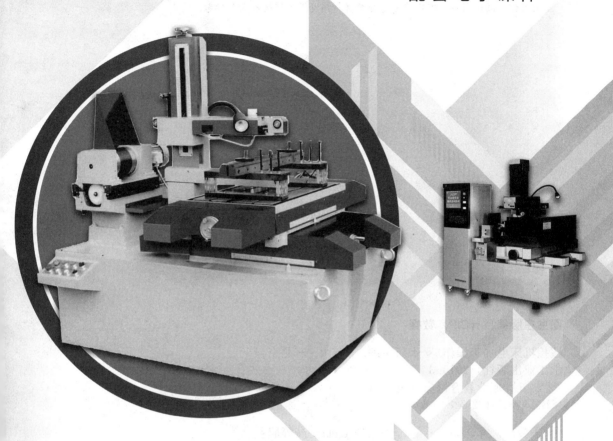

数控机床电加工操作

（第二版）

罗永新　主编　张　云　龙　华　副主编

 化学工业出版社

·北京·

本书依据数控电加工操作员考证要求，针对电加工技能训练实际，从机床的使用、编程知识、电加工规范等方面，介绍了数控电加工的工艺方法和编程技术，并结合实际应用，对电参数提出了确切的参考意见。全书内容包括十个训练课题和一个附录，课题间相互独立，由浅入深，由易到难，层层深入。为方便教学，配套电子课件等资源。

本书可作为高职高专院校相关专业的教材，并可供工程技术人员参考。

图书在版编目（CIP）数据

数控机床电加工操作/罗永新主编. —2 版. —北京：
化学工业出版社，2015.3
"十二五"职业教育国家规划教材
ISBN 978-7-122-22840-6

Ⅰ.①数…　Ⅱ.①罗…　Ⅲ.①电加工机床-高等职业
教育-教材　Ⅳ.①TG661

中国版本图书馆 CIP 数据核字（2015）第 014406 号

责任编辑：韩庆利
责任校对：宋　玮　　　　　　　　　　　　　　装帧设计：张　辉

出版发行：化学工业出版社（北京市东城区青年湖南街 13 号　邮政编码 100011）
印　　刷：北京永鑫印刷有限公司
装　　订：三河市宇新装订厂
787mm×1092mm　1/16　印张 10¼　字数 250 千字　2015 年 4 月北京第 2 版第 1 次印刷

购书咨询：010-64518888（传真：010-64519686）　　售后服务：010-64518899
网　　址：http://www.cip.com.cn
凡购买本书，如有缺损质量问题，本社销售中心负责调换。

定　　价：25.00 元　　　　　　　　　　　　　　　　　版权所有　违者必究

前言

数控电加工方法是电导材料重要的加工方法，在我国的模具制造技术中发挥了重大作用，特别是在超硬电导材料的成型加工中，有着十分明显的优势。随着数控加工技术的推广和普及，数控电加工技术越来越成熟，电火花成型与线切割已成为机械零件中电导材料加工的常见方法。目前，电火花线切割加工的精度已达到 2μm，最佳加工表面粗糙度可低于 $Ra0.3μm$，大锥度（已可达到 ±30°）和大厚度（已有可切割 1m 厚度的机床）方面的切割技术也有了很大的进展，自动穿丝、自动定位等技术日臻完善，电火花线切割加工在塑料和铝型材料挤出模及冲压模制造中充分发挥出了它的优势，在模具的深窄小型腔、窄缝、沟槽、拐角等加工方面，显示出具有其他加工方法难以替代的作用。同样，电火花成型加工方法不断完善，平动加工、摇动加工大大减少了电极加工时间，加工效率大幅提升，放电间隙最小已达微米级，在模具的深窄小型腔、尖角、窄缝、沟槽和深坑等部位的加工，有着其他方法无法替代的作用。数控电火花加工技术仍然是数控技术中重要的组成部分，仍然是模具制造技术中不可缺少的加工方法。

本书从线切割加工和电火花成型加工的技能培训入手，依据数控电加工操作员考证要求，针对高职学生电加工技能训练，从机床的使用、编程知识、电加工规范等方面，介绍了数控电加工的工艺方法和编程技术，并结合实际应用，对电参数提出了确切的参考意见。全书分成十个训练课题，课题间相互独立，由浅入深，由易到难，层层深入。课题一，介绍线切割机床的基本操作与程序编制，突出操作要领，理顺操作规范；课题二，进行外轮廓零件切割加工训练；课题三，进行型腔零件的切割加工训练，课题二和三，是线切割加工操作的两个基本训练；课题四，训练有锥度零件的线切割加工，介绍锥度线切割加工的机床操作和编程方法；课题五，培训切割加工难装夹的零件，突出工艺方法，介绍工艺技巧；课题六介绍CAXA 自动编程；课题七，讲授慢走丝线切割加工；课题八，介绍电火花成型加工的基本操作与概念；课题九，进行训练电火花成型加工；课题十，介绍线切割操作员考证标准和规范。

本书由罗永新教授担任主编，湖南工业职业技术学院张云、龙华老师担任副主编，参加编写的还有湖南工业职业技术学院申晓龙教授，怀化学院杨丰齐、伍欣老师，怀化职业技术学院聂笃伟老师，浙江诸暨技师学院吕昌太老师。课题一至课题七、课题十和附录由罗永新编写，课题八、课题九由张云、龙华、申晓龙编写，其他老师参与了课件制作、教学录像及部分书稿整理编写等工作。感谢湖南工业职业技术学院对教材编写提供的帮助。教材相关教学资料请与出版社联系，电子课件等可登录 www.cipedu.com.cn 下载。

由于作者的水平有限，在编写过程中难免出现不足之处，敬请读者批评勘正。

编　者

目录

线切割机床的基本操作

1.1 线切割机床的工作原理及其组成

1.1.1 线切割机床的工作原理

线切割机床是电火花加工机床的一种。线切割加工的基本原理如图 1-1 所示，是利用移动的细金属（铜、钼或钨钼合金等）线作电极，在线电极和工件之间加上脉冲电压，保持电极丝与工件相对恒定的较小间隙，在线电极和工件之间浇注矿物油、乳化液或去离子水等工作液，利用脉冲放电来烧蚀工件，达到分割切除工件余量，并使之成型的目的。一般工件接脉冲电源的正极，电极丝接负极，工作台带动工件相对电极丝沿零件轮廓线进给运动。电极对工件进行脉冲火花放电、温度高达 10000℃ 以上，使金属熔化或气化，形成电蚀产物，由循环流动的工作液带走。电极丝还以一定的速度运动（称为运丝运动），这样可达到冷却电极丝的目的，减小电极损耗，且有利于电蚀产物的排出。

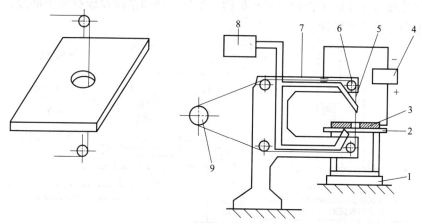

图 1-1　线切割工作原理图

1—床身；2—工作台；3—工件；4—脉冲电源；5—电极丝；6—导轮；
7—线架；8—工作液循环系统；9—储丝筒

切割加工的特点如下：

① 采用线材做电极，省掉了成形的工具电极，大大降低了成形工具电极的设计和制造

费用，缩短了生产准备时间及模具加工周期，有利于新产品的试制。

② 能用很细的电极丝（直径 $\phi0.025\sim0.3mm$）加工微细异形孔，窄缝和复杂形状的工件。实际金属去除量很少，材料的利用率很高，而且适合加工细小零件。

③ 由于采用移动的长金属丝进行加工，单位长度的金属丝损耗小，对加工精度的影响可以忽略不计，加工精度高。当重复使用的金属丝有显著损耗时，可以更换。

④ 一般使用水质或水基工作液，避免发生火灾，安全可靠。

⑤ 对于粗、中、精加工，只需调整电参数即可，实行微机控制，自动化程度高，操作简单方便。

⑥ 与金属刀具切削加工相比，线切割加工几乎没有切削力，使切割加工处于十分有利的状态，加工过程对加工精度的影响小。可以在切缝宽度与凸凹模配合间隙相当时，一次切出凸凹模来。

⑦ 当零件无法从周边切入时，工件上需钻穿丝孔。

⑧ 线切割可以方便地加工硬质合金等一切导电材料，且材料越硬，表面质量越好。

⑨ 不能加工不导电的材料，不能加工盲孔及纵向阶梯表面。

1.1.2 线切割机床的组成

数控电火花切割加工机床由脉冲电源、机床主机和控制台三大部分组成。

1.1.2.1 脉冲电源

脉冲电源对线切割加工质量有着重要的影响，线切割的电规准就是对脉冲电源的脉冲参数进行选择。目前快走丝线切割加工机床的脉冲电源由脉冲发生器、推动级、功率输出级和整流部分等组成。相对电火花成型而言，线切割机床电源功率较小，脉冲宽度窄（$4\sim80\mu s$），单个脉冲能量、平均电流（$0.5\sim5A$）一般较小，频率较高，峰值电流较大。

1.1.2.2 机床主机

机床主机主要包括坐标工作台、运丝机构、丝架、冷却系统和床身五个部分。图 1-2 为快走丝线切割机床主机外形图。

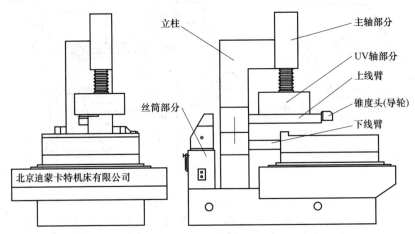

图 1-2 快走丝线切割机床主机外形图

(1) 坐标工作台

它用来承载、安装被加工的工件，一般都采用"十"字滑板，滚动导轨和滚珠丝杆传动副将伺服电动机的旋转运动变为工作台的直线运动，其运动分别由两个伺服电机控制。线切割机床两个坐标方向各自的进给移动，可合成获得各种平面图形曲线轨迹。平面坐标系是这样规定的：与线架伸出方向平行的方向为 X 轴，且远离储丝筒方向为正；与线架垂直的方向为 Y 轴，前方为正。

（2）运丝机构

它用来控制电极丝与工件之间产生相对运动。从运丝的方式区分，线切割机床分成快走丝和慢走丝两种。

（3）丝架

它与运丝机构一起构成电极丝的运动系统。它的功能主要是对电极丝起支撑作用，并使电极丝工作部分与工作台平面保持一定的几何角度，以满足各种工件（如带锥度工件）加工的需要。

为了切割有锥度的内外表面，有些线切割机床有锥度切割功能。实现锥度切割的方法有很多种，偏移丝架和使用双坐标联动装置是其中常见的两种。偏移丝架使上下导轮偏转，让电极丝与切割面成一个小角度，实现锥度切割，这种方法切割锥度有限，最大不超过 3°。使用双坐标联动装置，走丝结构的上下丝架臂不动，通过电极丝上下导轮在纵横两个方向的偏移，使电极丝倾斜，可以切割各个方向的斜度。电极丝的偏移通过 U、V 轴步进电动机驱动，其运动轨迹和加工轨迹由计算机同时控制，实现 X、Y、U、V 四轴联动，最大倾斜角度可达 60°。

（4）冷却系统

它用来提供有一定绝缘性能的工作介质——工作液，同时可对工件和电极丝进行冷却。

在线切割加工中，工作液对加工工艺指标的影响很大，如对切割速度、表面粗糙度、加工精度等都有影响。高速走丝时采用的工作液是乳化液，由于高速走丝能自动排除短路现象，因此可用介电强度较低的线切割乳化油。低速走丝常用的是去离子水，即将水通过离子交换树脂净化器，去除水中的离子。采用去离子水作工作液，冷却速度快，流动容易，不易燃，但去离子水电阻率大小对加工性能有一定影响。专用线切割乳化油按一定比例稀释后使用，一般使用一周（每天 2 班制）更换。不管哪种工作液都应具有以下性能：

① 有一定的绝缘性能；
② 有较好的洗涤性能；
③ 具有较好的冷却性能；
④ 对环境无污染，对人体无危害。

1.1.2.3 控制台

控制台中装有控制系统和自动编程系统，能在控制台中进行自动编程和对机床坐标工作台的运动进行数字控制。图 1-3 为线切割机床控制台界面主要功能组成部分。

（1）控制面板

① 主机开 （绿色）用来接通系统和整机的电源，按下绿色开关键，系统启动。

② 电源关 （红色蘑菇头）用来断开整机电源，按下电源关，机床停止一切工作。

③ 脉冲参数 脉冲宽度，有 12 个挡位。

④ 进给调节 用于切割时调节进给速度。

⑤ 脉停调节 用于调节加工电流大小。

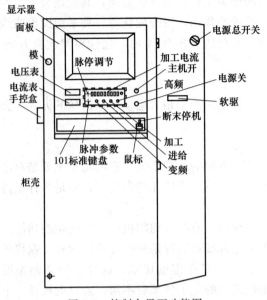

图 1-3　控制台界面功能图

⑥ 变频　按下此键，压频转换电路向计算机输出脉冲信号，加工中必须将此键按下。

⑦ 进给　按下此键，驱动机床拖板的步进电机处于工作状态。切割时必须将此键按下。

⑧ 加工　按下此键，压频转换电路以高频取样信号作为输入信号，跟踪频率受放电间隙影响；此键不按，压频转换电路自激振荡产生变频信号。切割时必须将此键按下。

⑨ 高频　按下此键，高频电源处于工作状态。

⑩ 加工电流　此键用于调节加工峰值电流，六挡电流大小相等。

（2）键盘操作区

键盘用来把数值输入到系统中，注意 F1～F8 功能的区别。

（3）手控盒

手控盒主要用于移动机床，另外还可控制开丝开水。

（4）屏幕显示区

彩色显示器显示加工菜单及加工中的各种信息。

1.2　线切割机床的操作步骤

不同的线切割机床，具体操作按键有些区别，要阅读线切割机床使用说明书，但基本操作步骤是一致的。

1.2.1　安装工件

1.2.1.1　工件在装夹中需要注意的问题

加工前，首先要安装好工件。线切割加工的工件在装夹中需要注意如下几点。

① 工件的定位面要有良好的精度，一般以磨削加工过的面做定位基准面为好。

② 切入点要导电，热处理件切入处要去除残物及氧化皮。

③ 热处理件要充分回火去应力，平磨件要充分退磁。

④ 工件装夹的位置应利于工件找正，并应与机床的行程相适应，夹紧螺钉高度要合适，避免干涉到加工过程，上导轮要压得较低。

⑤ 对工件的夹紧力要均匀，不得使工件变形和翘起。

⑥ 加工精度要求较高时，工件装夹时，必须通过百分表来找正工件，使工件平行于机床坐标轴，垂直于工作台。

⑦ 在加工大型模具时，要特别注意工件的定位方式，尤其在加工快结束时，工件的变形、重力的作用会出现电极丝被夹紧的情况，影响加工。

1.2.1.2 常见的工件装夹方法

(1) 悬臂式装夹

如图 1-4 所示。这种方式装夹方便、通用性强。但由于工件一端悬伸，易出现切割表面与工件上、下平面间的垂直度误差。仅用于加工要求不高或悬臂较短的情况。

(2) 两侧支撑方式装夹

如图 1-5 所示。这种方式装夹方便、稳定，定位精度高，适合于装夹窄长的工件。

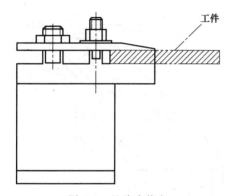

图 1-4 悬臂式装夹

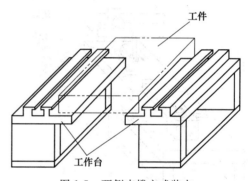

图 1-5 两侧支撑方式装夹

(3) 桥式支撑方式装夹

如图 1-6 所示。这种方式是在通用夹具上放置垫铁后再装夹工件，装夹方便，对大、中、小型工件都能采用，是快走丝线切割最常用的装夹方法。

(4) 板式支撑方式装夹

如图 1-7 所示。根据常用的工件形状和尺寸，采用有通孔的支撑板装夹工件。这种方式装夹精度高，但通用性差。

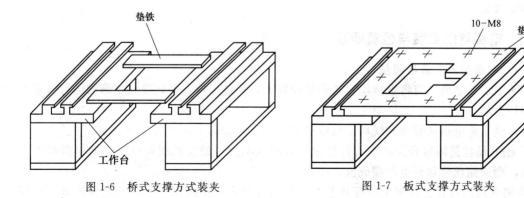

图 1-6 桥式支撑方式装夹　　　　　　图 1-7 板式支撑方式装夹

1.2.1.3 工件调整找正

工件装夹到机床上时，还必须调整找正，使工件的定位基准面分别与机床的工作台面和工作台的进给方向 X、Y 保持准确的位置关系，以保证所切割的表面与基准面之间的相对位置精度。常用的找正方法有以下几种。

(1) 用百分表找正

如图 1-8 所示，用磁力表架将百分表或千分表固定在丝架上，百分表的测量头与工件基面接触，往复移动工作台，按百分表指示值调整工件的位置，直至百分表指针的偏摆范围达到所要求的数值。一般情况下。用百分表找正，其偏摆量控制在 1 格以内。找正应在相互垂直的三个方向上进行。

(2) 划线法找正

工件的切割图形与定位基准之间的相互位置精度要求不高时，可采用划线法找正，如图 1-9 所示。利用固定在丝架上的划针对准工件上划出的基准线，往复移动工作台，目测划针、基准间的偏离情况，将工件调整到正确位置。这种找正方法，其找正精度一般不高于 0.1mm，通常在 0.1～0.5mm 之间。

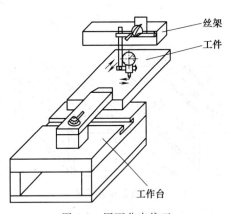

图 1-8　用百分表找正

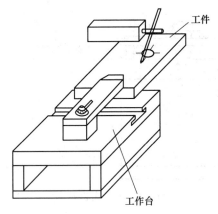

图 1-9　划线法找正

(3) 靠火花法找正

工件安放到工作台上后，不固定压紧，开动线切割手动加工，让切割线靠近工件的一个侧面，调整至出现火花，与该侧面垂直的坐标轴不再移动，然后手动均匀地缓慢移动与侧面平行的坐标轴，看在整个移动中火花是否均匀存在，来调整该侧面与移动坐标轴之间是否平行。该方法用于精度不高且有与工件调整侧面间有位置要求的加工。火花淡且均匀，则找正的精确度就高。

1.2.2　电极丝的安装与位置调整

1.2.2.1 电极丝的安装与调整

线切割加工之前，应将电极丝安装到储丝筒上，穿过工件，并调整到正确的运行状态。

(1) 上丝

上丝就是将电极丝缠绕到线切割机床的储丝筒上，如图 1-10 所示，方法如下：

① 松开储丝筒限位开关的左右行程撞块，将其调整至储丝的起始位置。如果需要上满储丝筒，则应储丝筒移到极左端或极右端；

② 将丝盘固定在上丝架上，打开上丝电机启停开关，并旋转上丝电机电压调节按钮以

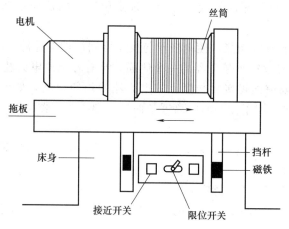

图 1-10 储丝筒控制示意图

调节上丝电机的反向力矩，保证上丝过程中电极丝有均匀的张力，避免电极丝打折；

③ 将电极丝均匀、整齐、紧密地排绕在储丝筒上，不能出现叠绕和打折。

（2）穿丝

① 将固定在摆杆上的重锤从定滑轮上取下，推动摆杆沿滑枕水平右移，使储丝筒上电极丝的一端与导轮对齐。插入定位销暂时固定摆杆的位置，装在摆杆两端的上、下张紧轮位置随之固定；

② 牵引电极丝剪断端依次穿过各个辅助导轮、张紧轮、主导轮、导电块等处，绕回到储丝筒，用储丝筒的螺钉压紧并剪掉多余丝头，如图 1-11 所示；

③ 取下定位销，挂回重锤，受其重力作用，摆杆带动上、下张紧轮左移，电极丝便以一定的张力自动张紧；使储丝筒移向中间位置，利用左、右行程撞块调整好其移动行程，至两端仍各余有数圈电极丝为止（在储丝筒上约 3～5mm 长度）；

④ 使用储丝筒操作面板上的运丝开关，机动操作储丝筒自动地进行正反向运动，并往返运动 2 次以上，使张力均匀。

（3）Z 轴行程的调整

① 松开 Z 轴锁紧把手；

② 根据工件厚度摇动 Z 轴升降手轮，使工件大致处于上、下主导轮中部，上、下导轮间的距离一般设定为工件厚度的 1.5～3 倍，工件越厚，取值越小；

③ 锁紧把手。

（4）电极丝垂直校正

在具有 U、V 轴的线切割机床上，电极丝运行一段时间、重新穿丝后或加工新工件之前，需要重新调整电极丝对坐标工作台表面的垂直度。校正时可以使用校正器。校正器是一块精确度很高的长方体。具体操作如下：

① 擦净工作台面和校正器各表面，选择校正器

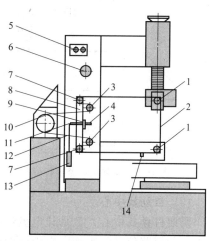

图 1-11 穿丝原理示意图

1—主导轮；2—电极丝；3—辅助导轮；4—直线导轨；5—工作液旋钮；6—上丝盘；7—张紧轮；8—移动板；9—导轨滑块；10—储丝筒；11—定滑轮；12—绳索；13—重锤；14—导电块

上的两个垂直于底面的相邻侧面作为基准面,选定位置将两侧面沿 X、Y 坐标轴方向平行放好;

② 选择机床的微弱放电功能,使电极丝与校正器间被加上脉冲电压,运行电极丝;

③ 移动 X 轴使电极丝接近校正器的一个侧面,至有轻微放电火花;

④ 电极丝和校正器侧面可接触长度上放电火花的均匀程度,如出现上端或下端中只有一端有火花,说明该端离校正器侧面距离近,而另一端离校正器侧面远,电极丝不平行于该侧面,需要校正;

⑤ 通过移动 U 轴,直到上下火花均匀一致,电极丝相对 X 坐标垂直;用同样方法调整电极丝相对 Y 坐标的垂直度。

1.2.2.2 电极丝相对工件位置调整

切割加工前,电极丝应调整到正确的起切位置,为运行程序做好准备。

(1) 目测法

对于加工要求较低的工件,在确定电极丝与工件基准间的相对位置时,可以直接利用目测或借助 2~8 倍的放大镜来进行观察。图 1-12 是利用穿丝处划出的十字基准线,分别沿划线方向观察电极丝与基准线的相对位置,根据两者的偏离情况移动工作台,当电极丝中心分别与纵横方向基准线重合时,工作台纵、横方向上的读数就确定了电极丝中心的位置。

(2) 火花法

如图 1-13 所示,移动工作台使工件的基准面逐渐靠近电极丝,在出现火花的瞬时,记下工作台的相应坐标值,再根据放电间隙推算电极丝中心的坐标。此法简单易行,但往往因电极丝靠近基准面时产生的放电间隙,与正常切割条件下的放电间隙不完全相同而产生误差。

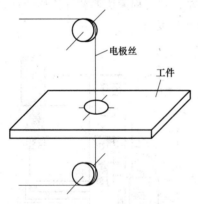

图 1-12 目测法调整电极丝位置

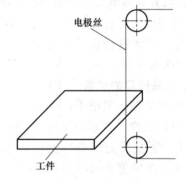

图 1-13 火花法调整电极丝位置

(3) 自动找中心

所谓自动找中心,就是让电极丝在工件孔或穿丝孔的中心自动定位。此法是根据线电极与工件的短路信号,来确定电极丝的中心位置。数控功能较强的线切割机床常用这种方法。如图 1-14 所示,首先让线电极在 X 轴方向移动至与孔壁接触,则此时当前点 X 坐标为 X_1,接着线电极往反方向移动与孔壁接触,此时当前点 X 坐标为 X_2,然后系统自动计算 X 方向中点坐标 X_0 [$X_0 = (X_1 + X_2)/2$],并使线电极到达 X 方向中点 X_0;接着在 Y 轴方向进行上述过程,线电极到达 Y 方向中点坐标 Y_0 [$Y_0 = (Y_1 + Y_2)/2$]。这样经过几次重复就可找到孔的中心位置，如图 1-14 所示。当精度达到所要求的允许值之后，就确定了孔的中心。影响自动找中心精度的关键是孔的精度、粗糙度及清洁。特别是热处理后的孔的氧化层难以清除，最好对定位孔进行磨削。

（4）接触感知法

目前装有计算机数控系统的线切割机床都具有接触感知功能，用于电极丝定位最为方便。此功能是利用电极丝与工件基准面由绝缘到短路的瞬间，两者间电阻值突然变化的特点来确定电极丝接触到了工件，并在接触点自动停下来，显示该点的坐标，即为电极丝中心的坐标值。如图 1-15 所示，首先启动 X（或 Y）方向接触感知，使电极丝朝工件基准面运动并感知到基准面，记下该点坐标，据

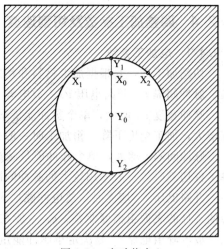

图 1-14　自动找中心

此算出加工起点的 X（或 Y）坐标；再用同样的方法得到加工起点的 Y（或 X）坐标，最后将电极丝移动到加工起点。

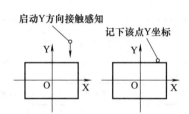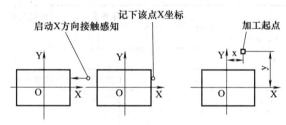

图 1-15　接触感知法

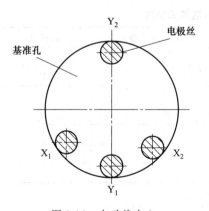

图 1-16　自动找中心

基于接触感知，还可实现自动找中心功能，即让工件孔中的电极丝自动找正后停止在孔中心处实现定位。具体方法为：横向移动工作台，使电极丝与一侧孔壁相接触短路，记下坐标值 X_1，反向移动工作台至孔壁另一侧，记下相应坐标值 X_2；同理也可得到 Y_1 和 Y_2。则基准孔中心的坐标位值为 $[(|X_1|+|X_2|)/2, (|Y_1|+|Y_2|)/2]$，将电极丝中心移至该位置即可定位，详见图 1-16。

1.2.3　编制线切割数控加工程序并输入系统

根据零件的加工要求，编制好线切割加工程序，并输入线切割加工机床的控制系统。

① 将控制系统电源打开；

② 进入程序编辑模式下；

③ 键入源程序（或传输程序）；

④ 程序输入完成后，键入"E"或"D"退出，表示程序结束；

⑤ 编辑切割方式，如正切、反切，或起切的程序地址。

1.2.4 调整加工参数及切割速度

1.2.4.1 电加工参数

切割加工前，要根据加工材料和精度要求调整好加工电参数。电参数主要有：脉冲宽度 t_w、脉冲间隔 t、开路电压 u_0、放电峰值电流 i_p 等。

脉冲宽度 t_w 增大，单个脉冲能量增多，切割速度提高，表面粗糙度数值变大，放电间隙增大，加工精度下降。粗加工时一般采用较大的脉宽。

脉冲间隔 t 增大，单个脉冲能量减少，切割速度下降，表面粗糙度数值下降。精加工及厚工件切割时，一般采用较大的脉冲间隔，有利于排屑和提高加工的稳定性，防止断丝。

开路电压 u_0 增大时，放电间隙增大，排屑容易，可以提高切割速度和加工稳定性，但会使工件的表面粗糙度变差。u_0 一般在 $60\sim150V$ 之间。

放电峰值电流 i_p 是决定单脉冲能量的主要因素之一。i_p 增大，切割速度迅速提高，表面粗糙度数值增大，电极丝损耗加大，容易断丝。一般精加工时，采用较小的 i_p。

主要参数选择参考见表 1-1，45、GCr15、40Cr、CrWMn 钢加工参数见表 1-2，切割规范见表 1-3。

表 1-1 主要参数选择参考

脉冲宽度与表面粗糙度的关系				
$R_a/\mu m$	2.0	2.5	3.2	4.0
$t_w/\mu s$	5	10	20	40
工件厚度（H）与脉冲间隔的关系				
H/mm	$10\sim40$	50	60	70	$80\sim100$
t/t_w	4	5	6	7	8

注：来自北京迪蒙卡特线切割机床使用说明书。

表 1-2 45、GCr15、40Cr、CrWMn 钢加工参数

工件厚度/mm	脉宽/档	进给/(mm/min)	电流（管子个数）	丝速/档
$0\sim5$	5	$6\sim7$	5	1
$5\sim10$	$6\sim7$	6	5	1(2)
$10\sim40$	$7\sim8$	5	$5\sim6$	2
$40\sim100$	8	4	6	2
$100\sim200$	8	$3.3\sim4$	$6\sim7$	2
$200\sim300$	$8\sim9$	$3\sim3.3$	$7\sim8$	3
$300\sim500$	$9\sim10$	$2.3\sim3$	$7\sim9$	3

注：来自北京迪蒙卡特线切割机床使用说明书。

表 1-3 切割规范

序号	工件厚度/mm	加工电压/V	加工电流/A	脉冲宽度/μs	脉冲间隔/μs	功率输出/只	粗糙度/μm	切割速度/(mm²/min)	波形选择
1	$20\sim30$	70	15	12	60	3	≤2.5	≥30	矩形脉冲
2	$30\sim50$	75	$5\sim15$	28	112	3	≤3.2	≥50	
3	30	80	1	25×4	75	3	≤1.25	≥15	分组脉冲
4	50	80	2	40×4	80	5	≤2.5	≥40	

序号	工件厚度/mm	加工电压/V	加工电流/A	脉冲宽度/μs	脉冲间隔/μs	功率输出/只	粗糙度/μm	切割速度/(mm²/min)	波形选择
5	60	75	35	48	144	5	≤5	≥80	
6	80~100	85	25	52	260	4	≤3.2	≥60	矩形脉冲
7	150~180	85	10	36	196	4	≤2.5	≥40	
8	250~280	85	25	40	280	5	≤2.5	≥40	

1.2.4.2 加工工艺指标

电火花线切割加工工艺指标主要包括切割速度、表面粗糙度、加工精度等。此外，放电间隙、电极丝损耗和加工表面层变化也是反映加工效果的重要内容。

电火花线切割的切割速度通常用单位时间内工件切割的面积来衡量，快走丝的切割速度一般在 $40~80mm^2/min$，它与加工电流大小关系密切。一般情况下，放电间隙为 0.01mm，电极丝的损耗在每切割 $10000mm^2$ 电极丝直径减小小于 0.01mm。

影响工艺指标的因素很多，如机床精度、脉冲电源的性能、工作液脏污程度、电极丝与工件材料以及切割工艺路线等。表 1-4 给出了进给状态调整变频的方法。

表 1-4 根据进给状态调整变频的方法

变频状态	进给状态	加工面状况	切割速度	电极丝	变频调整
过跟踪	慢而稳	焦褐黄	低	略焦，老化快	应减慢进给速度
欠跟踪	不均匀	不光洁，易出深痕	较快	易烧丝，丝上有白斑痕迹	应加快进给速度
欠佳跟踪	慢而稳	略焦黄，有条纹	低	焦色	应稍增加进给速度
最佳跟踪	很稳	发白，光洁	快	发白，老化慢	不需再调整

1.2.5 试切

按下面步骤操作机床，完成零件的一次加工。

① 首先开系统电源，待系统启动后，开机床电源；

② 解除机床主机上的急停按钮；

③ 按机床润滑要求加注润滑油；

④ 开启机床空载运行 2 分钟，检查其工作状态是否正常；

⑤ 按所加工零件的尺寸、精度、工艺等要求，在线切割机床自动编程系统中编制线切割加工程序，并送控制台；或手工编制加工程序，并通过键盘、软驱等输入控制系统；

⑥ 在控制台上对程序进行模拟加工，以确认程序准确无误；

⑦ 开启运丝筒；

⑧ 开启电介质液；

⑨ 选择合理的电加工参数；

⑩ 手动或自动对丝；

⑪ 点击控制台上的"加工"键，开始自动加工；

⑫ 加工完成后，拆下工件，清理机床；

⑬ 关闭机床主机电源。

1.3 线切割机床的维护与保养

1.3.1 日常工作要求

① 充分了解机床的结构性能以及熟练掌握机床的操作技能，遵守操作规程和安全生产制度。

② 在机床的允许规格范围内进行加工，不要超重或超行程工作。

③ 下班后清理工作区域，擦净夹具和附件等。

1.3.2 定期保养

① 按机床操作说明书所规定的润滑部位及润滑要求，定时注入规定的滑润油或润滑脂，以保证机构运转灵活。

② 定期检查机床的电气设备是否受潮和安全可靠，并清除尘埃，防止金属物落入，不允许带故障工作。

③ 慢走丝电火花线切割机床一般在加工50～100h后就必须检查引电块的磨损情况，考虑变更引电块的位置或予以更换。有脏污时需用洗涤液清洗。必须注意：当变更引电块的位置或者更换引电块时，必须重新校正丝电极的垂直度，以保证加工工件的精度和表面质量。

④ 定期检查导轮的转动是否灵活，不得有卡死现象，否则应更换导轮和轴承。更换后必须检查其径向跳动量。

⑤ 定期检查上、下喷嘴的损伤和脏污程度，有脏物时需用洗涤液清除，有损伤时应及时更换。

⑥ 加工前检查工作液箱中的工作液是否足够，管道和喷嘴是否通畅。当工作液从污液槽向清液槽逆向流动时则需要更换过滤器。

1.3.3 操作规程

① 学生初次操作机床，须仔细阅读线切割机床《实训指导书》或机床操作说明书。并在实训教师指导下操作。

② 手动或自动移动工作台时，必须注意钼丝位置，避免钼丝与工件或工装产生干涉而造成断丝。

③ 用机床控制系统的自动定位功能进行自动找正时，必须关闭高频，否则会烧丝。

④ 关闭运丝筒时，必须停在两个极限位置（左或右）。

⑤ 装夹工件时，必须考虑本机床的工作行程，加工区域必须在机床行程范围之内。

⑥ 工件及装夹工件的夹具高度必须低于机床线架高度，否则，加工过程中会发生工件或夹具撞上线架而损坏机床。

⑦ 支撑工件的定位元件必须在工件切割区域之外，否则，加工时会连同工件一起割掉。

⑧ 工件加工完毕，必须随时关闭高频。

⑨ 经常检查导轮、排丝轮、轴承、钼丝、切割液等易损、易耗件（品），发现损坏，及时更换。

1.4 断丝处理

一般认为断丝是由于电火花放电集中引起电极丝温度过高而发生的。发生断丝的原因可能是脉冲电源参数选择不当，工作液浓度不合适，运丝系统不正常等原因造成的，也可能与进给速度不恰当、工件变形有关。应首先检查电极丝断丝的位置并判别原因，再采取相应的措施，如减小峰值电流，降低空载电压和进给速度，减小电极丝的张力，增大电极丝参与切割的长度，增大冷却喷嘴的工作流量等。

快走丝机床加工过程中突然断丝，应先关闭高频电源和加工开关；然后，关闭水泵马达、走丝马达；把变频粗调放置在"手动"一边；开启加工开关，让十字拖板继续按规定程序走完，直到回到起始点位置。接着去掉断丝，若剩下电极丝还可使用，则直接在工件预孔中重新穿丝，并在人工紧丝后重新进行加工。若在加工工件即将完成时断丝，也可考虑从末尾进行切割，但是这时必须重新编制程序，且在两次切割的相交处及时关闭高频电源和机床，以免损坏已加工的表面，然后把电极丝松下，取下工件。

有些线切割机床的控制系统有从断点处加工的功能，当断丝时，关闭系统电源，开机后，直接进入加工状态，根据提示从断点处加工。

1.5 线切割机床的 3B 程序指令

1.5.1 3B 程序指令格式

1.5.1.1 3B 格式编程概述

3B 格式编程的格式为：

BXBYBJGZ

其中　B——分隔符号

X、Y——直线的终点相对于起点的相对坐标，或圆弧的起点相对于圆弧圆心的相对坐标。在线切割的编程中，X、Y 坐标只有正值，没有负值，这与分象限插补方法有关。当加工平行于 X 轴或 Y 轴的直线时，或当 X 或 Y 为零时，X、Y 坐标均可不输入数值。X、Y 坐标以 μm 为单位，故编程时，所有的尺寸数值均扩大 1000 倍。

　　J——计数长度，单位 μm。计数长度是在计数方向的基础上确定的。计数长度是被加工的直线或圆弧在计数方向坐标轴上投影的绝对值总和。

　　G——计数方向，分 Gx 和 Gy 两种。不管是加工直线还是圆弧，计数方向均按终点的位置来确定。加工直线时，当直线终点靠近 X 轴时，记作 Gx；当直线终点靠近 Y 轴时，记作 Gy。终点靠近哪一根轴，则计数方向取何轴，加工与坐标轴成45°角的线段时，计数方向取 X 轴、Y 轴均可。加工圆弧时，终点靠近何轴，则计数方向取另一轴，加工圆弧的终点与坐标轴成45°时，计数方向取 X 轴、Y 轴均可。

　　Z——加工指令，分直线加工指令和圆弧加工指令两类，共 12 条。直线加工指令按直线终点所在象限分为 L1、L2、L3、L4 四种，图 1-17 表示直线终点坐标的象限范围。圆弧加工指令按圆弧起点进入的象限及走向，分为顺圆和逆圆加工。顺时针圆弧加工时，为顺圆加工指令 SR1、SR2、SR3、SR4 四种，逆时针圆弧加工时，为逆圆加工指令 NR_1、NR_2、NR_3、NR_4 四种，如图 1-18 所示。

1.5.1.2 直线加工编程指令

(1) 建立坐标系

把坐标原点设在加工线段的起点，建立相对坐标系。

(2) 确定 X、Y 值

X、Y 分别取线段在对应方向上的增量，即该线段在相对坐标系中的终点坐标的绝对值。X、Y 可按比例约分，即可以取 X、Y 的比值。

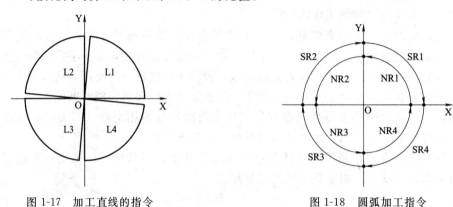

图 1-17　加工直线的指令　　　　　　图 1-18　圆弧加工指令

(3) 确定计数方向 G

根据上述确定的 X、Y 值，哪个方向的数值大，就取该方向作为计数方向。即 X>Y 时为 Gx，Y>X 时为 Gy，X=Y 时，线段若在第一、第三象限为 Gy，线段在第二、第四象限为 Gx。

(4) 确定计数长度 J

根据计数方向选取线段在该方向的增量（终点坐标的绝对值）。注意：计数长度 J 不可取与 X、Y 的比值。

(5) 确定加工指令 Z

根据线段走向及线段与 X 轴正方向的夹角确定加工指令。参见图 1-17。

当：$0° < \alpha < 90°$，即线段终点在第一象限，或在 X 正方向轴上时取 L1；

$90° < \alpha < 180°$，即线段终点在第二象限，或在 Y 正方向轴上时取 L2；

$180° < \alpha < 270°$，即线段终点在第三象限，或在 X 负方向轴上时取 L3；

$270° < \alpha < 360°$，即线段终点在第四象限，或在 Y 负方向轴上时取 L4。

(6) 指令举例

如图 1-19 所示。

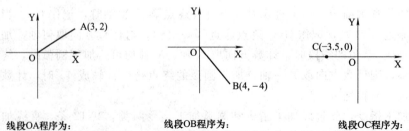

线段 OA 程序为：
B3000B2000B3000GxL1
或采用比值：
B3B2B3000GxL1

线段 OB 程序为：
B4000B4000B4000GxL4
或采用比值：
B1B1B4000GyL4

线段 OC 程序为：
B3500B0B3500GxL3
或采用比值：
BBB3500GxL3

图 1-19　直线加工程序举例

1.5.1.3　圆弧加工

（1）建立坐标标系

将坐标标原点设在圆弧的圆心，对该圆弧建立相对坐标系。

（2）确定 X、Y 值

X、Y 分别取圆弧起点相对圆心的增量，即圆弧在相对坐标系中的起点坐标的绝对值。

（3）确定计数方向 G

根据圆弧在相对坐标系中的终点坐标绝对值，哪个方向的数值小就取该方向作为计数方向，若两个方向的终点坐标绝对值相等，那么当圆弧是从靠近 Y 轴的地方走向终点时取 Gx，而靠近 X 轴的地方走向终点时取 Gy。

（4）确定计数长度 J

根据计数方向，选取圆弧在对应坐标轴方向上投影的总和。

（5）确定加工指令 Z

加工指令根据圆弧的走向分为 SR（顺时针圆）和 NR（逆时针圆）。再根据圆弧从起点开始向哪个象限运动来确定加工指令的象限。共有 SR1～SR4 和 NR1～NR4 八种圆弧指令。见图 1-18。

（6）指令举例

如图 1-20 所示。

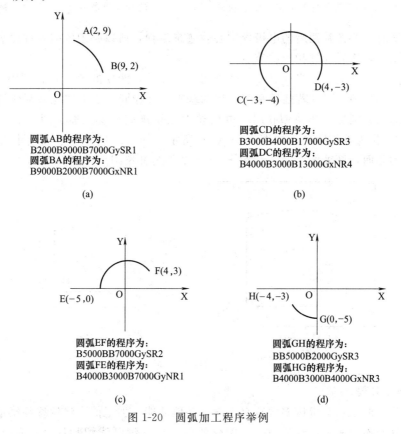

图 1-20　圆弧加工程序举例

1.5.2　偏移补偿问题

在实际加工中，电火花线切割数控机床是通过控制电极丝的中心轨迹来加工的，图1-21中电极丝中心轨迹用虚线表示，显然，电极丝的中心轨迹与零件轮廓线不重合，它们刚好均匀地相差一个定值，相当于零件轮廓线向电极丝中心轨迹偏移了这个值，电极丝的中心轨迹和图纸上零件轮廓之间的这个偏移值就叫偏移补偿，也叫间隙补偿。偏移补偿分手工补偿和自动补偿。

1.5.2.1 手工补偿

加工外形如凸模时，电极丝中心轨迹应在所加工图形的外面；加工内腔如凹模时，电极丝中心轨迹应在加工图形的里面。所加工工件图形与电极丝中心轨迹间的距离，在圆弧的半径方向和线段垂直方向都等于偏移补偿量 f。设电极丝半径 $d/2$、放电间隙 s，则偏移补偿量 f 与电极丝半径 $d/2$、放电间隙 s 的关系如图 1-22 所示，即：$f=s+d/2$。

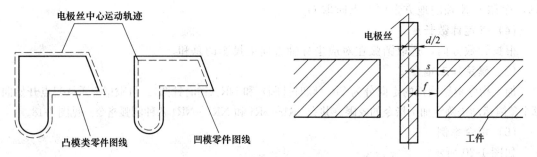

图 1-21 加工凸、凹模类零件时电极丝中心轨迹　　图 1-22 偏移补偿量与电极丝半径、放电间隙的关系

手工补偿时，要按补偿后的电极丝中心轨迹来编程，所以必须依据零件轮廓先画出电极丝中心轨迹图形，然后计算相应的节点。

例如，按选定的电极丝半径 $d/2$、放电间隙 s 和凸，凹摸的单面配合间隙（$Z/2$）计算电极丝中心的补偿距离 f。若凸模和凹模型的基本尺寸相同，要求按孔型配作凸模，并保持单向间隙值 $Z/2$，则加工凹模型孔时，电极丝中心轨迹应在要求加工图形的里面，即内偏 $f_1=(d/2)+s$ 作为补偿距离，如图 1-23（a）所示。加工凸模时，电极丝中心轨迹应在要求加工图形的外面，即外偏 $f_2=(d/2)+s-Z/2$ 作为补偿距离，如图 1-23（b）所示。

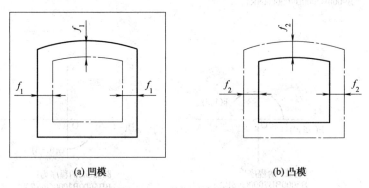

(a) 凹模　　　　　　　　　　　　　　　(b) 凸模

图 1-23 电极丝中心轨迹

1.5.2.2 自动补偿

目前，我国的线切割机床多数有自动偏移补偿功能。加工前，将偏移补偿量输入到机床的数控装置补偿参数表中，编程时，按图样的名义尺寸编制线切割程序，间隙补偿量 f 不在程序段尺寸中，图形上所有非光滑连接处应加过渡圆弧修饰，使图形中不出现尖角，过渡圆弧的半径必须大于补偿量。这样在加工时，数控装置能自动将过渡圆弧处增大或减小一个 f 的距离实行补偿，而直线段保持不变。

1.5.3 应用举例

例 1-1 手工间隙补偿的编程实例。编制加工图 1-24（a）所示零件的凹模和凸模程序，其双面配合间隙为 0.02mm，采用 ϕ0.13mm 的钼丝，单面放电间隙为 0.01mm。

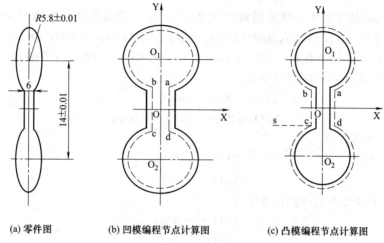

(a) 零件图　　　　(b) 凹模编程节点计算图　　　　(c) 凸模编程节点计算图

图 1-24　零件图及编程计算图

(1) 编制凹模程序

① 确定计算坐标系。取图形的对称轴为直角坐标系的 X、Y 轴，见图 1-24（b）。由于图形的对称性，只要计算一个象限的坐标点，其余象限的坐标点都可以根据对称关系直接得到。

② 确定补偿距离 f。根据钼丝直径和放电间隙，确定补偿距离为：

$$f_1 = r + \delta = (0.5 \times 130 + 10)\mu m = 75\mu m$$

③ 计算各点坐标。显然圆心 O_1 的坐标为 (0, 7000)。

在计算坐标系中，a 点坐标为 (2925, 2079)，其余象限中各交点的坐标，均可根据对称关系直接得到：b (−2925, 2079)，c (−2925, −2079)，d (2925, −2079)，圆心 O_2 坐标为 (0, −7000)。

为了编制程序，还要计算各点在切割坐标系中的坐标（切割圆坐标系分别以 O_1、O_2 等为原点，通过计算坐标系平移而成）。

④ 编制程序。若凹模的预钻穿丝孔在坐标系中心点 O 上，钼丝中心的切割顺序是直线 Oa、圆弧 ab、直线 bc、圆弧 cd、直线 da，则切割程序见表 1-5。

表 1-5　凹模程序

序号	线段	B	X	B	Y	B	J	G	Z
1	直线 Oa	B	2925	B	2079	B	2925	Gx	L_1
2	圆弧 ab	B	2925	B	4921	B	17050	Gx	NR_4
3	直线 bc	B		B	4158	B	4158	Gy	L_4
4	圆弧 cd	B	2925	B	4921	B	17050	Gx	NR_2
5	直线 da	B		B	4158	B	4158	Gy	L_2
6									D

（2）编制凸模程序

① 确定计算坐标系同凹模，见图 1-24（c）。

② 确定补偿距离 f_2

$$f_2 = r + \delta - \frac{Z}{2} = (65 + 10 - 10) = 65\mu m$$

即切割凸模时的钼丝中心轨迹相对凹模的型孔尺寸（中间尺寸）外偏 $65\mu m$。

③ 求各点坐标。在以 O 为原点的计算坐标系中有圆心 O_1（0，7000），O_2（0，－7000），计算得 a（3065，2000），同理有 b（－3065，2000），c（－3065，－2000），d（3065，－2000）。

a 点在以 O_1 为原点的坐标系中有：

$$XaO_1 = 3065$$
$$YaO_1 = 2000 - 7000 = -5000$$

同理有 b 点坐标：

$$XbO_1 = -3065$$
$$YbO_1 = -5000$$

c 在以 O_2 为原点的切割坐标系中有

$$XcO_2 = -3065$$
$$YcO_2 = 5000$$

同理有 d 点坐标：

$$XdO_2 = -3065$$
$$YdO_2 = 5000$$

④ 编制程序。加工凸模时由外面的 s 点切进去，若沿 X 轴正向切割进去 5mm 以后，即从 c 点开始正式切割，切割路线沿 sc 直线-cd 圆弧-da 直线-ab 圆弧-bc 直线-cs 直线切割凸模，并最后也从 c 点沿 X 轴负向退出 5mm，回到起始点，则编制的程序见表 1-6。

表 1-6　凸模程序

序号	线段	B	X	B	Y	B	J	G	Z
1	直线 sc	B		B		B	5000	Gx	L_1
2	圆弧 cd	B	3065	B	5000	B	17330	Gx	NR_2
3	直线 da	B		B	4000	B	4000	Gy	L_2
4	圆弧 ab	B	3065		5000	B	17330	Gx	NR_4
5	直线 bc	B		B	4000	B	4000	Gy	L_4
6	直线 cs		5000				5000	Gx	L_3
7									D

例 1-2　编制图 1-25 中凸凹模（图中尺寸为计算后的平均尺寸）的电火花线切割加工程序。电极丝直径为 0.18mm，单边放电间隙为 0.01mm。按自动补偿编写。

① 建立坐标系，确定穿丝孔位置。切割凸凹模时，不仅要切割外表面还要切割内表面，因此，加工顺序应先内后外，选取 $\phi 20$ 的圆心 O 为穿丝孔的位置，选取 B 点为凸模穿丝孔的位置。

② 确定间隙补偿量

$$f = \left(\frac{0.18}{2} + 0.01\right) = 0.10mm$$

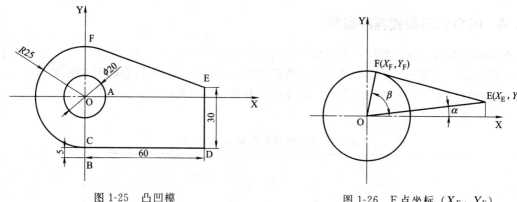

图 1-25　凸凹模　　　　　　　　　　　图 1-26　F 点坐标（X_F，Y_F）

③ 计算交点坐标将图形分成单一的直线段或圆弧，求 F 点的坐标值。F 点是直线段 FE 与圆的切点，其坐标值可通过图 1-26 求得：

$$\alpha = \arctan \frac{5}{60} = 4°46'$$

$$\beta = \alpha + \arccos \frac{R}{\sqrt{X_E^2 + Y_E^2}} = \alpha + \arccos \frac{25}{\sqrt{60^2 + 5^2}} = 70°14'$$

$$X_F = R\cos\beta = 8.4561\text{mm}$$

$$Y_F = R\sin\beta = 23.5255\text{mm}$$

其余交点坐标可直接由图形尺寸得到。

④ 编写程序　采用自动补偿时，图形中直线段 OA 和 BC 为引入线段，需减去间隙被偿量 0.10mm。其余线段和圆弧不需考虑间隙补偿。切割时，由数控装置根据补偿特征自动进行补偿，但在 D 点和 E 点需加过渡圆弧，取 $R = 0.15\text{mm}$。

加工顺序为：先切割内孔，然后空走到外形 B 处，再按 B—C—D—E—F—C—B 的顺序切割，其加工程序清单见表 1-7。

表 1-7　例 1-2 凸凹模加工程序清单

序号	B	X	B	Y	B	J	G	Z	备　注
1	B		B		B	9900	Gx	L1	穿丝切割，OA 段引入程序段
2	B	9900	B		B	39600	Gy	NR1	内孔加工
3	B		B		B	9900	Gx	L3	AO 段
4								D	拆卸钼丝
5	B		B		B	30000	Gy	L4	空走
6								D	重新装丝
7	B		B		B	4900	Gy	L2	BC 段
8	B	59850	B	0	B	59850	Gx	L1	CD 段
9	B	0	B	150	B	150	Gy	NR4	D 点过渡圆弧
10	B	0	B	29745	B	29745	Gy	L2	DE 段
11	B	150	B	0	B	150	Gx	NR1	E 点过渡圆弧
12	B	51445	B	18491	B	51445	Gx	L2	EF 段
13	B	84561	B	23526	B	58456	Gx	NR1	FC 圆弧
14	B		B		B	4900	Gy	L4	CB 弧引出程序段
15								D	加工结束

1.5.4 ISO 代码数控程序编制

在我国的电火花线切割加工的编程中，目前广泛使用的是 3B、4B 程序格式。为了便于交流，国际统一规范——ISO 代码现在也悄然兴起，这在慢走丝线切割机床中更加多见，其格式类似于数控车、铣床的加工程序，具体程序和数控车铣相似，不同的系统，指令格式也有区别。常用指令见表 1-8。

表 1-8　电火花线切割常用 ISO 代码

代码	功　　能	代码	功　　能
G00	快速定位	G56	加工坐标系 3
G01	直线插补	G57	加工坐标系 4
G02	顺圆插补	G58	加工坐标系 5
G03	逆圆插补	G59	加工坐标系 6
G05	X 轴镜像	G80	接触感知
G06	Y 轴镜像	G82	半程移动
G07	X、Y 轴交换	G84	微弱放电找正
G08	X 轴镜像,Y 轴镜像	G90	绝对尺寸
G09	X 轴镜像,X、Y 轴交换	G91	增量尺寸
G10	Y 轴镜像,X、Y 轴交换	G92	定起点
G11	Y 轴镜像,X 轴镜像,X、Y 轴交换	M00	程序暂停
G12	消除镜像	M02	程序结束
G27	关锥度	M05	接触感知解除
G28	左锥度加工	M96	主程序调用文件程序
G29	右锥度加工	M97	主程序调用文件结束
G40	取消间隙补偿	W	下导轮到工作台面高度
G41	左偏间隙补偿	H	工件厚度
G42	右偏间隙补偿	S	工作台面到上导轮高
G50	消除锥度	T84	开切割液
G51	锥度左偏	T85	关走丝
G52	锥度右偏	T86	空走丝
G54	加工坐标系 1	T87	关切割液
G55	加工坐标系 2		

例 1-3　如图 1-27 所示零件，穿丝孔中心坐标 A 为（5，20），按顺时针切割，不考虑补偿，其 ISO 编程如下：

（1）绝对坐标方式编程

```
%
N01 G92 X5000　Y20000           建立工件坐标系
N02 G90 G01 X5000　Y12500       绝对编程，直线切割到（5，12.5）
N03        X－5000 Y12500        直线切割到（－5，12.5），G01 模态指令，省略
N04        X－5000 Y32500        直线切割到（－5，32.5）
```

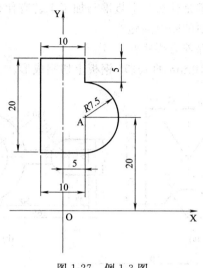

图 1-27　例 1-3 图

N05	X5000	Y32500		直线切割到（+5，32.5）
N06	X5000	Y27500		直线切割到（+5，27.5）
N07 G02	X5000	Y12500 I0 J−7500		顺时针圆弧切割，圆弧终点坐标（5，12.5）
N08 G01	X5000	Y20000		直线切割到（+5，20）
N09 M02				程序结束

（2）增量坐标方式编程

%

N01 G92	X5000	Y20000		建立工件坐标系
N02 G91 G01	X0	Y−7500		增量编程，直线切割到增量坐标（0，−7.5）
N03	X−10000	Y0		直线切割到增量坐标（−10，0）
N04	X0	Y20000		直线切割到增量坐标（0，20）
N05	X10000	Y0		直线切割到增量坐标（10，0）
N06	X0	Y−5000		直线切割到增量坐标（0，−5）
N07 G02	X0	Y−15000 I0 J−7500		顺时针圆弧切割，圆弧终点坐标（0，−15）
N08 G01	X0	Y7500		直线切割到增量坐标（0，7.5）
N09 M02				程序结束

1.6　训练题

1-1　试述数控电火花线切割机床的加工原理及加工特点。

1-2　数控电火花线切割机床有哪几部分组成？各组成部分的主要作用是什么？如何才能加工出带锥度的零件？

1-3　什么是工件的切割变形现象？试述工件变形的危害、产生原因和避免、减少工件变形的主要方法。

1-4　什么是切割加工编程的偏移补偿？偏移补偿的大小与哪些因素有关？准确确定偏移补偿有何实际意义？如何确定？

1-5　线切割加工工件装夹的方式主要有哪些？如何调整校准工件？

1-6　线切割加工的电规准是什么？电规准与加工工艺有什么关系？

1-7　如何处理加工过程中的断丝问题？

1-8　线切割机床的日常保养有哪些？

1-9　下面练习在一块厚 10mm 的 Q195 钢板上切割成形。

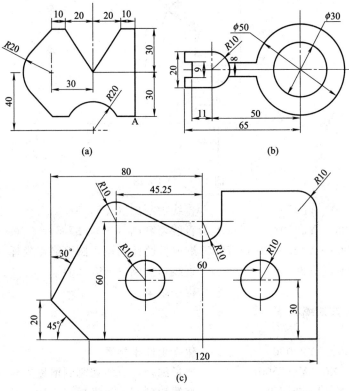

图 1-28　题 1-9 图

切割加工训练（一）外轮廓零件加工

2.1 外轮廓零件切割特点

当加工外形零件，且零件比较简单，切割要求比较低时，往往不需要穿丝孔，切割加工时从外起切，进入坯料内，切割出零件形状。

应将工件与其夹持分割的部分，安排在切割路线的末端。如图 2-1 所示，图（a）先切割靠近夹持的部分，使主要连接部位被割离，余下材料与夹持部分连接较少，工件刚性下降，易变形而影响加工精度；图（b）则避免了这个问题，所以切割路线才是正确的。

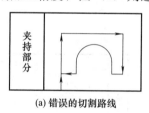

(a) 错误的切割路线　　　　(b) 正确的切割路线

图 2-1　切割路线的选择

切割路线应从坯件预制的穿丝孔开始，由外向内顺序切割。如图 2-2 所示，图（a）采用从工件端面开始由内向外切割的方案，变形最大，不可取。图（b）也是采用从工件端面开始切割，但路线由外向内，比图（a）方案安排合理些，但仍有变形。图（c）的切割起点取在坯件预制的穿丝孔中，且由外向内，变形最小，是最好的方案。

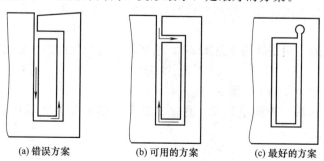

(a) 错误方案　　　　(b) 可用的方案　　　　(c) 最好的方案

图 2-2　切割起始点和切割路线的安排

零件轮廓距离端面（侧面）边距应大于 5mm。

2.2 应用举例

例 2-1 对图 2-3 所示零件的凸模进行线切割加工。已知凸模材料为 Cr12，凸模厚度为 40mm，电极丝直径为 $\phi0.1mm$，单边放电间隙为 0.01mm。

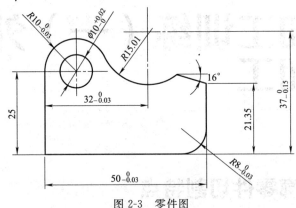

图 2-3 零件图

(1) 工艺处理及计算

① 坯料加工 先铣削加工出一块 70mm×45mm×40mm 的坯料，钻直径为 $\phi2mm$ 的穿丝孔，空淬，磨上下两平面。如图 2-4 所示，左右两边各留 10mm 用于夹持，前后各留 5mm 用于切割的最小余料。

② 工件装夹 采用两端支撑方式装夹工件，如图 2-5 所示。

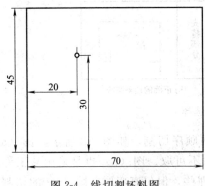

图 2-4 线切割坯料图

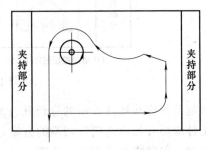

图 2-5 工件装夹及切割线路

③ 选择电极丝切入的位置 切割型孔时，在型孔中心处钻中心孔；切割外轮廓，电极丝由坯件外部切入。

④ 确定切割线路 切割线路参见图 2-5，箭线所示为切割线路。先切割型孔，后切割外轮廓。

⑤ 计算平均尺寸 如图 2-6 所示。

⑥ 确定计算坐标系 为简单起见，直接选型孔的圆心作为坐标系原点，建立坐标系，如图 2-6 所示。

⑦ 确定偏移量

$$f = r + \delta = (0.1/2 + 0.01)mm = 0.06mm$$

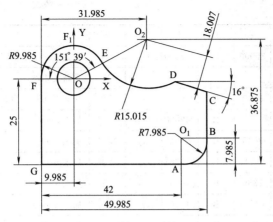

图 2-6 零件图（平均尺寸）

⑧ 确定电参数

电压：75～85V；脉冲宽度：28～40μs；脉冲间隔：4～6倍脉冲宽度；电流：2.8～3.5A。

(2) 编制加工程序

1）3B格式编程

① 计算电极丝中心轨迹 3B格式须按电极丝中心轨迹编程。电极丝中心轨迹见图2-7双点画线，相对工件平均尺寸偏移一垂直距离 $f=0.06mm$。

② 计算交点坐标 将电极丝中心轨迹划分为单一的直线或圆弧，可通过几何计算或CAD查询得到各点坐标。各点的坐标如表2-1所列。

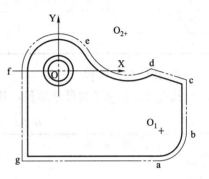

图 2-7 电极丝中心轨迹

表 2-1 凸凹模电极丝轨迹各线段交点及圆心坐标

交点	X	Y	交点	X	Y	圆心	X	Y
a	32.015	−25.060	e	8.839	4.772	O	0	0
b	40.060	−17.015	f	−10.045	0	O₁	32.015	−17.015
c	40.060	−3.651	g	−10.045	−25.060	O₂	22	11.875
d	29.993	−0.765						

切割型孔时电极丝中心至圆心 O 的距离（半径）为：

$$R=10.01/2-0.06=4.945mm$$

③ 编写程序单 切割凸凹模时，先切割型孔，然后按：从 g 下面距 g 为 9.94mm的点切入→g→a→b→c→d→e→f→g→g 下面距 g 为 9.94mm的点切出的顺序切割，采用相对坐标编程，其线切割程序单如表2-2所示。

表 2-2 凸凹模线切割程序单（3B格式）

序号	B	X	B	Y	B	J	G	Z	说　明
1	B	4945	B	0	B	004945	Gx	L1	穿丝孔切入，O→电极丝中心
2	B	4945	B	0	B	019780	Gy	NR1	加工型孔圆弧
3	B	4945	B	0	B	004945	Gx	L1	切出，电极丝中心→O
4							D		拆卸钼丝

序号	B	X	B	Y	B	J	G	Z	说　明
5	B	10045	B	35000	B	035000	Gy	L3	空走,O→g 下面距 g 为 9.94mm 的点
6							D		重新装钼丝
7	B	0	B	9940	B	009940	Gy	L2	从 g 下面距 g 为 9.94mm 的点→g 切入
8	B	42060	B	0	B	042060	Gx	L1	加工 g→a
9	B	0	B	8045	B	008045	Gy	NR4	加工 a→b
10	B	0	B	13364	B	013364	Gy	L2	加工 b→c
11	B	10067	B	2886	B	010067	Gx	L2	加工 c→d
12	B	7993	B	12640	B	010167	Gy	SR4	加工 d→e
13	B	8839	B	4772	B	015318	Gy	NR1	加工 e→f
14	B	0	B	25060	B	025060	Gy	L4	加工 f→g
15	B	0	B	9940	B	009940	Gy	L4	g→g 下面距 g 为 9.94mm 的点切出
16							D		加工结束

2）ISO 代码编程

按图 2-3 所示平均尺寸编程，其线切割程序单如表 2-3 所示。

表 2-3　凸凹模线切割程序单（ISO 格式）

程　序　段	说　明
AM	主程序名为 AM
G90	绝对坐标编程
G92 X0 Y0	设置工件坐标系
G41 D60	左偏间隙补偿,D 偏移量为 0.06mm
G01 X5005 Y0	穿丝孔切入,O→电极丝中心(5.005,0)
G03 X5005 Y0 I−5005 J0	走逆圆,线切割型孔,I,J 为圆心相对于起点值
G40	取消间隙补偿
G01 X0 Y0	回到坐标原点
M00	程序暂停
G00 X−9985 Y−35000	快速走到 G 点下方 10mm 处
M00	程序暂停
G41 D60	左偏间隙补偿,D 偏移量为 0.06mm
G01 X−9985 Y−25000	走到 G 点
X 32015	加工 G→A
G03 X40 Y−17015 I0 J7985	加工 A→B
G01 X40 Y−3697	加工 B→C
G01 X30003 Y−830	加工 C→D
G02 X8787 Y4743 I−8003 J12705	加工 D→E
G03 X−9985 Y0 I−8787 J−4743	加工 E→F
G01 X−9985 Y−25000	加工 F→G
G40	取消间隙补偿
G01 Y−35000	从 G 点→G 点下方 10mm 切出
M02	程序结束

（3）加工操作

首先启动控制系统，先将控制柜右侧的电源开关至于“1”位置，然后旋出控制柜正面的红色开关，再按下绿色开关，控制系统被启动，系统提示：“C：\＞”，此时由键盘输入

"CNC2"后回车，系统立刻显示画面。

1）进入加工状态

选中第一项"进入加工状态"，系统即刻显示画面，要求操作者选择"无锥度加工"、"有锥度加工。选择前者"无锥度加工"，回车后显示画面，此时操作者可进行无锥度工件切割前的准备工作，即通过键盘上方的F1～F8功能键进行必要的参数输入和操作。

F1——XY移动

按下F1键，此时操作者在手控盒上选择＋X、－X、＋Y、－Y键。操作完成后按ESC键退出。

F2——加工方式。

按下F2可以选择加工顺序、旋转角度、缩放比例。

F3——文件名

控制系统将每一个完整的加工程序视为一个文件，要求在编制加工程序前，先给加工程序起一个文件名。文件名的格式控制系统所要求的文件名是由字母和数字所表示的，不许出现其它符号。

当按下F3键后，屏幕中央显示一信息提示窗，如下所示：

请输入加工文件名
文件名：

这时可将起好的文件名（必须输入盘符、路径、文件名，如：C：＼AB）通过键盘输入进去，然后按回车键，屏幕出现提示窗如下所示：

提示信息窗
请将磁盘插入驱动器中，然后按任意键

若从C盘调入文件，则直接按任意键继续，屏幕出现两种情况；若从磁盘调入文件，则需先插入磁盘（否则系统出错），然后按任意键，同样屏幕出现两种情况：

A 信息提示窗消失，系统启动磁盘（硬盘）驱动器将磁盘（硬盘）存入的文件调入计算机内存。

B 屏幕显示一错误信息窗，显示一组信息，如下所示：

错误信息窗
输入的文件名不存在
R—重新输入
E—编辑文件

这时只能按R或E键，按R键前应先检查盘符、路径、文件名是否正确，然后再按R键，重新输入文件名；按E键则对该文件进行修改编辑。屏幕中央显示一程序编辑窗口，如下所示：

N1	
N2	帮助提示区
⋮	
N16	

程序编辑窗口左边的N代表程序段号，横杠为闪动的光标，表示将要输入的字符所在位置。右边为帮助功能键，　→　、　←　、　↑　、　↓　表示光标，向右、向左、向上、向下移动，改

变输入字符的位置。此时操作者可按表 2-1、表 2-2 输入 3B 程序。每输完一条完整的 3B 程序，按回车键，这时光标自动跳到下一程序的起始位置上。这样循环往复直至输入完毕。完成上述步骤后，再按 ESC 键，屏幕显示如下所示：

```
┌──────────────────────────────────────────┐
│              信息提示窗                    │
│  编辑的文件存盘吗？                        │
│        Y—存盘                              │
│        E—不存盘                            │
└──────────────────────────────────────────┘
```

按 Y 键，系统自动将此程序存入硬盘；按 N 键表示编制的程序不用留备份。这样在掉电或关机后程序不存在。按 Y 或 N 键后，程序编辑屏幕消失，表示程序已经输入完毕，可进行下一步操作。

F4——编程

此间主要用于校验已输入的加工程序。按下 F4 键后，屏幕显示程序编辑窗口。但屏幕中央显示出所编制好的程序清单。操作者可借助右边的帮助键进行程序修改、插入、删除等工作。

F5——图形显示

此键用于对已编制完毕的加工程序进行校验，以检查加工的图形是否与图纸相符。按 ESC 键图形消失。

F6——间隙补偿

此键用于输入间隙补偿值量。按下 F6 键，屏幕如下所示：

```
┌──────────────────────────────────────────┐
│            输入间隙补偿量                  │
│      单边间隙补偿值      0.000             │
└──────────────────────────────────────────┘
```

通过键盘数字键输入补偿值，此值带正负号若没输入符号，系统认为所输入的补偿值为正。当钼丝运行轨迹大于编程尺寸时，补偿值为正，反之，补偿值为负。然后按回车键，也可按 ESC 键退出，操作完毕。本例中，在加工圆孔时，补偿值为 -0.06，加工外形时，补偿值为 +0.06mm。

F7——加工预演

此键用于对已编制好的加工程序进行模拟加工，系统不输出任何控制信号。按 F7 键，屏幕图形加工预演过程，待加工完毕后出现如下所示：

```
┌──────────────────────────────────────────┐
│            提示信息窗                      │
│        加工结束，按任意键返回              │
└──────────────────────────────────────────┘
```

F8——开始加工

当一切工作准备就绪后，按 F8 键，配合其它控制键一起使用，机床将按程序编制的轨迹进行切割加工了，此时屏幕显示加工图形。

2）数控电火花线切割机床零件加工操作步骤及内容

① 开机，检查系统各部分是否正常，包括高频电源、工作液泵、储丝筒等的运行情况；

② 装夹工件，根据工件厚度调整 Z 轴至适当位置并锁紧；

③ 进行储丝筒绕丝、穿丝和电极丝位置校正等操作；

④ 移动 X、Y 轴坐标确立电极丝切割起始坐标位置；

⑤ 开启工作液泵，调节喷嘴流量；

⑥ 输入或调用加工程序并存盘后装入内存；

⑦ 确认程序无误后，进行自动加工；

⑧ 当工件行将切割完毕时，其与母体材料的连接强度势必下降，此时要注意固定好工件，防止因工作液的冲击使得工件发生偏斜，从而改变切割 间隙，轻者影响工件表面质量，重者使工件切坏报废；

⑨ 加工结束，取下工件，将工作台移至各轴中间位置；

⑩ 清理加工现场；

⑪ 关机。

2.3 训练题

2-1 如图 2-8 所示，在一块 45 钢板坯料上切割成形，坯料的尺寸为：$150\text{mm} \times 100\text{mm} \times 10\text{mm}$，上下表面铣成 $Ra2.5$。

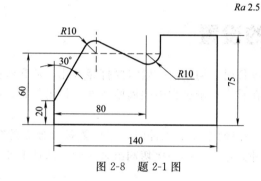

图 2-8 题 2-1 图

2-2 如图 2-9 所示，在一块 45 钢板上切割成形，坯料尺寸：$50\text{mm} \times 30\text{mm} \times 20\text{mm}$，上下表面铣削而成，$Ra \leqslant 3.2$。

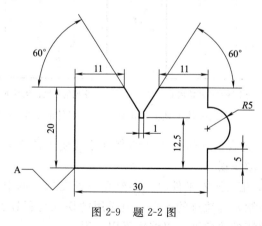

图 2-9 题 2-2 图

切割加工训练（二）型腔零件加工

3.1 穿丝孔的设置

当线切割凹模等内腔零件时，切割前一般需要打穿丝孔，从穿丝孔处开始切割。从穿丝孔开始切割加工，使工件在整个切割过程中四周始终处于封闭状态，可以大大减少在切割过程中出现的变形现象。

① 在同一块坯件上切割出两个以上工件时，应设置各自独立的穿丝孔，不可仅设一个穿丝孔一次切割出所有工件。不应连续一次切割出来，而应从该毛坯的不同预制穿丝孔开始加工。如图 3-1 所示。

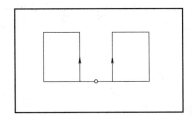 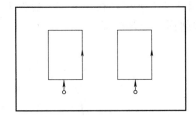

(a) 错误方案，从同一个穿丝孔开始加工　　　　　(b) 正确的方案，从不同穿丝孔开始加工

图 3-1　在同一块毛坯上切出两个以上工件的加工路线

② 穿丝孔的位置最好选在已知轨迹尺寸的交点处或便于计算的坐标点上，以简化编程中有关坐标尺寸的计算，减少误差。

③ 当切割带有封闭型孔的凹模工件时，穿丝孔应设在型孔的中心，这样既可准确地加工穿丝孔，又较方便地控制坐标轨迹的计算，但无用的切入行程较长。对于大的型孔切割，穿丝孔可设在接近加工轨迹的边角处，以缩短无用行程。

④ 在切割凸模外形时，应将穿丝孔选在型面外，最好设在接近切割起始点处。切割窄槽时，穿丝孔应设在图形的最宽处，不允许穿丝孔与切割轨迹发生相交现象。切割大型凸模时，有条件者可沿加工轨迹设置数个穿丝孔，以便切割中发生断丝时能够就近重新穿丝，继续切割。

⑤ 穿丝孔的直径大小应适宜，一般为 $\phi 2 \sim 8$ mm。若孔径过小，既增加钻孔难度又不方便穿丝；若孔径太大，则会增加钳工工作量。如果要求切割的型孔数较多，孔径太小，排布较为

密集，应采用较小的穿丝孔（$\phi 0.3 \sim 0.5$mm），以避免各穿丝孔相互打通或发生干涉现象。

3.2　应用举例

线切割加工型面如图 3-2 所示的工件，设工件厚度为 20mm，材料 Cr12，所有表面 $Ra \leqslant 1.6$。根据图纸要求的尺寸，试编制线切割加工程序，以及分析切割加工的工艺和步骤。

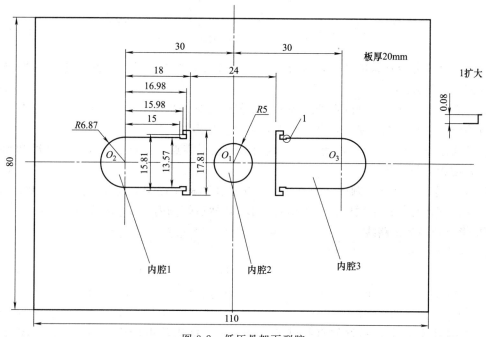

图 3-2　低压骨架下型腔

（1）准备工作

① 根据图纸分析，要求加工的工件为低压骨架下型腔（图中的顶杆孔未画出），而且是一模两穴。工件的材料为模具材料，并且在线切割加工之前进行热处理，硬度达到 52～58HRC。

② 材料准备。在切割加工前，型腔的外形加工结束并保证尺寸精度和位置精度。具体如下：下料，锻造，退火，先铣六面，留 0.4mm 的磨削余量，钻三个穿丝孔，孔径为 $\phi 4$mm，然后淬火，最后磨上、下表面使 $Ra \leqslant 1.6$，磨一侧面，用于调整找正。

一般情况下，考虑到工件在切割加工前淬火，所以穿丝孔应在未热处理前预制；如有条件可在热处理完成后在电火花穿孔机上完成。（小的顶杆孔只能在电火花穿孔机上加工）。

③ 工件装夹和调整。采用桥式支撑装夹方式，压板夹具固定。在装夹时，两块垫铁各自斜放，使工件和垫铁留有间隙，方便电极丝位置的确定。用百分表找正调整工件，使工件的底平面和工作台平行，磨削后的工件侧面和工作台 Y 轴互相平行。

④ 上丝、紧丝和调垂直度。电极丝的松紧适宜，用火花法调整电极丝的垂直度，即电极丝与工件的底平面（装夹面）垂直。

⑤ 电极丝位置的调整。为了保证工件内形相对于外形的位置精度和下型腔的装配精度，必须使电极丝的起始切割点位于下型腔的中心位置。电极丝位置的调整采用火花四面找正。

（2）编制加工程序

① 确定工艺基准和编程零点，选择工件底平面作为定位基准面，考虑确定电极丝位置

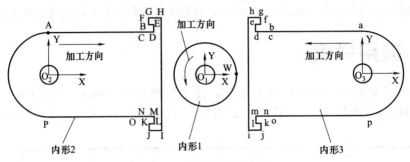

图 3-3　加工路线的确定

方便，加工基准和设计基准统一，选择直角坐标系 O_1 为工艺基准。编程零点的选择有两种，如图 3-3 所示。

a. 选择 O_1 为整个切割图形的编程零点，但是这种编程零点的缺点是尺寸标注基准和编程基准不统一，导致编程繁琐，计算量大，编程容易出错。

b. 分别选择 O_1、O_2、O_3 为三个封闭内形的编程零点。优点是尺寸标注基准和编程基准统一，编程方便简单。

② 确定穿丝点和加工顺序，为方便预制穿丝孔和程序编制，选择 O_1、O_2、O_3 为三个切割图样的穿丝孔。加工顺序为首先切割内形 1，然后切割内形 2，最后切割内形 3。

③ 确定切割加工路线。

a. 内形 1：$O_1—W—W—O_1$

b. 内形 2：$O_2—A—B—C—D—E—F—G—H—I—J—K—L—M—N—O—P—A—O_2$

c. 内形 3：$O_3—a—b—c—d—e—f—g—h—i—j—k—l—m—n—o—p—a—O_3$

④ 偏移补偿量的确定。

a. 根据技术要求，钼丝的直径选为 0.13mm。单边放电间隙为 0.01mm，配合间隙为 0.01mm。

b. 偏移补偿量 $f_凹 = r_丝 + \delta_电 - \delta_配 = 0.13/2 + 0.01 - 0.01 = 0.065$mm。拐角处采用圆弧过渡，过渡圆弧半径为 0.07mm。

⑤ 程序编制。

a. 3B 格式程序如表 3-1 所示。

表 3-1　低压骨架下型腔线切割 3B 格式程序

序号	B	X	B	Y	B	J	G	Z	备注
1	B	4935	B	0	B	4935	Gx	L1	穿丝切割，O_1W 段引入程序段
2	B	4935	B	0	B	19740	Gy	NR1	内孔加工
3	B	4935	B	0	B	4935	Gx	L3	WO_1 段
4								D	拆卸钼丝
5	B	30000	B	0	B	30000	Gx	L3	空走到 O_2
6								D	重新装丝
7	B	0	B	6800	B	6800	Gy	L2	O_2A 段
8	B	14930	B	0	B	14930	Gx	L1	AB 段
9	B	0	B	70	B	70	Gy	SR1	B 点过渡圆弧
10	B	0	B	10	B	10	Gy	L4	BC 段
11	B	70	B	0	B	70	Gx	NR4	C 点过渡圆弧

序号	B	X	B	Y	B	J	G	Z	备注
12	B	1840	B	0	B	1840	Gx	L1	CD 段
13	B	0	B	70	B	70	Gy	NR1	D 点过渡圆弧
14	B	0	B	1120	B	1120	Gy	L2	DE 段
15	B	0	B	70	B	70	Gx	NR2	E 点过渡圆弧
16	B	860	B	0	B	860	Gx	L3	EF 段
17	B	70	B	0	B	70	Gx	SR3	F 点过渡圆弧
18	B	0	B	840	B	840	Gy	L2	FG 段
19	B	70	B	0	B	70	Gx	SR2	G 点过渡圆弧
20	B	1880	B	0	B	1880	Gx	L1	GH 段
21	B	0	B	70	B	70	Gy	SR1	H 点过渡圆弧
22	B	0	B	17640	B	17640	Gy	L4	HI 段
23	B	70	B	0	B	70	Gy	SR4	I 点过渡圆弧
24	B	1880	B	0	B	1880	Gx	L3	IJ 段
25	B	0	B	70	B	70	Gy	SR3	J 点过渡圆弧
26	B	0	B	840	B	840	Gy	L2	JK 段
27	B	70	B	0	B	70	Gx	SR2	K 点过渡圆弧
28	B	860	B	0	B	860	Gx	L1	KL 段
29	B	70	B	0	B	70	Gx	SR1	L 点过渡圆弧
30	B	0	B	1120	B	1120	Gy	L2	LM 段
31	B	70	B	0	B	70	Gx	NR1	M 点过渡圆弧
32	B	1840	B	0	B	1840	Gx	L3	MN 段
33	B	70	B	0	B	70	Gx	NR2	N 点过渡圆弧
34	B	0	B	10	B	10	Gy	L4	NO 段
35	B	0	B	70	B	70	Gy	SR4	O 点过渡圆弧
36	B	14860	B	0	B	14860	Gx	L3	OP 段
37	B	0	B	6800	B	13600	Gx	SR2	PA 段
38	B	0	B	6800	B	6800	Gy	L4	AO$_2$ 段
39								D	拆卸钼丝
40	B	60000	B	0	B	60000	Gx	L1	空走到 O$_3$
41								D	重新装丝
42	B	0	B	6800	B	6800	Gy	L2	O$_3$a 段
43	B	14930	B	0	B	14930	Gx	L3	ab 段
44	B	0	B	70	B	70	Gy	NR2	b 点过渡圆弧
45	B	0	B	10	B	10	Gy	L4	bc 段
46	B	70	B	0	B	70	Gx	SR4	c 点过渡圆弧
47	B	1840	B	0	B	1840	Gx	L3	cd 段
48	B	0	B	70	B	70	Gy	SR3	d 点过渡圆弧

序号	B	X	B	Y	B	J	G	Z	备注
49	B	0	B	1120	B	1120	Gy	L2	de 段
50	B	70	B	0	B	70	Gx	SR2	e 点过渡圆弧
51	B	860	B	0	B	860	Gx	L1	ef 段
52	B	70	B	0	B	70	Gx	NR4	f 点过渡圆弧
53	B	0	B	840	B	840	Gy	L2	fg 段
54	B	70	B	0	B	70	Gx	NR1	g 点过渡圆弧
55	B	1880	B	0	B	1880	Gx	L3	gh 段
56	B	0	B	70	B	70	Gy	SR1	h 点过渡圆弧
57	B	0	B	17640	B	17640	Gy	L4	hi 段
58	B	70	B	0	B	70	Gy	SR4	i 点过渡圆弧
59	B	1880	B	0	B	1880	Gx	L1	ij 段
60	B	0	B	70	B	70	Gy	NR1	j 点过渡圆弧
61	B	0	B	840	B	840	Gy	L2	jk 段
62	B	70	B	0	B	70	Gx	NR3	k 点过渡圆弧
63	B	860	B	0	B	860	Gx	L3	kl 段
64	B	70	B	0	B	70	Gx	NR4	l 点过渡圆弧
65	B	0	B	1120	B	1120	Gy	L2	lm 段
66	B	70	B	0	B	70	Gx	NR1	m 点过渡圆弧
67	B	1840	B	0	B	1840	Gx	L1	mn 段
68	B	0	B	70	B	70	Gy	SR3	n 点过渡圆弧
69	B	0	B	10	B	10	Gy	L4	no 段
70	B	0	B	70	B	70	Gy	SR2	o 点过渡圆弧
71	B	14860	B	0	B	14860	Gx	L1	op 段
72	B	0	B	6800	B	13600	Gx	SR2	pa 段
73	B	0	B	6800	B	6800	Gy	L4	aO3 段
74								D	加工结束

b. ISO 格式程序如表 3-2 所示。

表 3-2　低压骨架下型腔线切割 ISO 格式程序

程序段	说明
BN	主程序名为 BN
G90	绝对坐标编程
G92 X0 Y0	设置工件坐标系
G41 D65	左偏间隙补偿,D 偏移量为 0.065mm
G01 X5000 Y0	穿丝孔切入→W,W 点(5000,0)
G03 X5000 Y0 I−5000 J0	走逆圆,线切割型孔,I,J 为圆心相对于起点值
G40	取消间隙补偿
G01 X0 Y0	回到坐标原点
M00	程序暂停,卸下电极丝
G00 X−30000 Y0	快速走到 O2 点

程序段	说明
M00	程序暂停,重新装上电极丝
G42 D65	右偏间隙补偿,D 偏移量为 0.065mm
G91 G01 X0 Y6800	O_2A 段
X15000 Y0	AB 段
X0 Y−150	BC 段
X1980 Y0	CD 段
X0 Y1260	DE 段
X−1000 Y0	EF 段
X0 Y980	FG 段
X2020 Y0	GH 段
X0 Y−17780	HI 段
X−2020 Y0	IJ 段
X0 Y980	JK 段
X−1000 Y0	KL 段
X0 Y1260	LM 段
X−1980 Y0	MN 段
X0 Y−150	NO 段
X−15000 Y0	OP 段
G02 X0 Y13600 I0 J6800	PA 段
G01 X0 Y−6800	AO_2 段
G40	取消间隙补偿
M00	卸下电极丝
G00 X60000 Y0	快速移动到 O_3 点
M00	重新装上钼丝
G42 D65	
G91 G01 X0 Y6800	O_3a 段
X15000 Y0	ab 段
X0 Y−150	bc 段
X1980 Y0	cd 段
X0 Y1260	de 段
X−1000 Y0	ef 段
X0 Y980	fg 段
X2020 Y0	gh 段
X0 Y−17780	hi 段
X−2020 Y0	ij 段
X0 Y980	jk 段
X−1000 Y0	kl 段
X0 Y1260	lm 段
X−1980 Y0	mn 段
X0 Y−150	no 段
X−15000 Y0	op 段
G02 X0 Y13600 I0 J6800	pa 段
G01 X0 Y−6800	aO_3 段
G40	
M02	加工结束

（3）加工

① 选择加工电参数　根据工件的厚度（20mm），表面粗糙度 Ra 值为 $1.6\mu m$，选择电参数见表 3-3。

表 3-3　加工电参数

电压 U/V	脉冲宽度 $T_{on}/\mu s$	脉冲间隔 $T_{off}/\mu s$	峰值电流 i_s/A
75	10	30～50	1～4

② 切割　准备工作都结束后可按下该键进行切割。切割有两种方向，正向和反向，正向切割和编程的切割方向一致，反向切割正好和编程的切割方向相反。本例采用正向加工。

切割过程中，可调节工作液的流量大小，使工作液始终包住电极丝，切割稳定。

切割过程中，可随时调整电参数，在保证尺寸精度和表面粗糙度的前提下，提高加工效率。

③ 加工的注意事项

a. 在加工过程中，发生短路时，控制系统会自动发出回退指令，开始作原切割路线回退运动，直到脱离短路状态，重新进入正常切割加工。

b. 加工过程中，若发生断丝，此时控制系统立即停止运丝和工作液，控制系统发出两种执行方法的指令：一是回到切割起始点，重新穿丝，这时可选择反向切割；二是在断丝位置穿丝，继续切割。

c. 跳步切割过程中，穿丝时一定要注意电极丝是否在导轮的中间，否则会发生断路，引起不必要的麻烦。

3.3　训练题

3-1　如图 3-4 所示，练习题材料 45 钢，板厚 20mm。

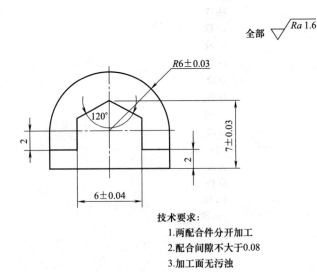

图 3-4　题 3-1 图

3-2　如图 3-5 所示，练习题材料 45 钢，板厚 20mm。

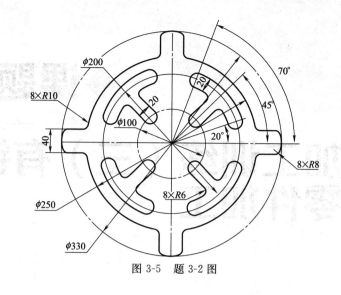

图 3-5　题 3-2 图

切割加工训练（三）有锥度的零件加工

4.1 有锥度加工的零件切割特点

数控线切割机床加工解决了很多传统加工难以解决的难题，尤其是在锐角、小 R 及锥度切割的产品加工过程中更具优势，已广泛应用于机械模具、航空、航天等工业领域。凸凹模拔模面的精度对于模具的开模和使用寿命有着重要的影响，因此，拔模角锥度加工尤为重要。

（1）大厚工件切割的加工要点

大厚工件及锥度产品加工一直是线切割的重点加工对象，也是难点之一，提高大厚工件的垂直精度及加工效率，一直是线切割加工追求的目标之一。大厚工件切割时常呈现如图 4-1 所示的凹形和拱形误差。产生拱形或凹形误差的原因一般是由于加工液的电阻比过低、切割丝的张力过小、导头间的距离过大等原因综合造成的。如果出现凹形的情况，采取降低二次切削时的平均加工电压（伺服基准电压）的方法来解决，如果出现拱形的情况，则要提高二次切削时的平均加工电压。

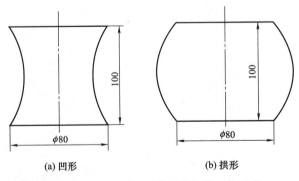

(a) 凹形　　　　　　　(b) 拱形

图 4-1　切割大厚度工件时产生的误差形式

切割大厚工件时的加工要点小结如下：

① 加大切割丝的张力、减小喷头导头间的距离；

② 采用直径较粗的切割丝进行加工，并增加加工次数；

③ 采用专用的喷嘴改善切削液的冷却效果。

（2）锥度切割的加工要点

对于锥度切割，其尺寸往往难以控制，且切割效率与无锥度切割相比低很多，尤其是在锥度很大的情况下，差别更大。这主要是由于锥度加工时排屑困难、切削液的环境不理想及电参数不合理等多方面的原因造成的。锥度切割时，可以从以下几个方面调整机床和电规准：

① 由于锥度切割时排屑困难，导丝模导头部的切割丝拖动力较大，容易断丝，因此必须降低加工能量，增大放电间隔时间，增加加工过程中的平均电压；

② 改善喷流状况，使用专用喷嘴，采取大开口朝上增加喷流流量，采用闭合加工法，减小 Z 轴高度，尽量使两喷嘴之间的距离最小；

③ 由于在锥度的加工过程中，各个断面层上的加工周长不同，放电间隙也不同，因此精加工时应采用比无锥度加工更多的切削量；

④ 由于切割丝自身的刚性等原因，上下导丝模导头与切割丝的倾斜会产生误差，改硬丝为软丝进行加工可减小因切割丝刚性引起的误差；

⑤ 由于线切割加工其数控程序补偿是在 XY 平面内进行的，对于锥度加工，其补偿量与实际的补偿值会产生误差，如图 4-2 所示。当程序的补偿量是 A 时，在锥角为 α 的情况下锥度表面实际的补偿量只有 $A\cos\alpha$，由此产生的误差双边为 $2A$ $(1-\cos\alpha)$。所以在大锥度切割时，对程序补偿进行修正也是提高其切割精度的有效措施之一。

（3）锥度加工时导轮的调整

① 对于上下形状相同的固定锥度，只需按对应的基准参考平面编制二维的轮廓加工程序，然后利用数控线切割系统本身固有的固定锥度切割加工功能即可进行锥度的切割。锥度小于 3°单方向锥度加工，可以通过调整上下导轮的位置，使钼丝倾斜相应的角度即可加工锥度。

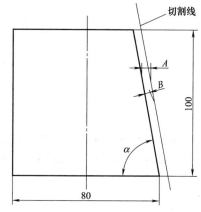

图 4-2 锥度补偿时产生的误差形式

调整导轮的位置时，既可以调整上导轮，也可以调整下导轮，但一般不同时进行上下导轮的调整。多数调整上导轮切割锥度。例如，调整上导轮，要切割锥度为 1°的固定锥度，设上、下导轮中心的距离 $H=128\text{mm}$，上导轮调整如图 4-3 所示：

a. 如果切割平行于 X 轴方向的锥面，则上导轮偏移 Y 向，如图 4-3 （a），偏移距离为：
$$\Delta Y = H \times \tan 1° = 128 \times \tan 1° = 2.234\text{mm}$$

b. 如果切割平行于 Y 轴方向的锥面，则偏移 X 向，如图 4-3 （b），偏移距离为：
$$\Delta X = H \times \tan 1° = 128 \times \tan 1° = 2.234\text{mm}$$

c. 如果切割平行于 X 轴方向 30°的锥面，则偏移 X、Y 向，如图 4-3 （c），偏移距离为：
$$\Delta X = H \times \tan 1° \times \cos 30° = 128 \times \tan 1° \times \cos 30° = 1.935\text{mm}$$
$$\Delta Y = H \times \tan 1° \times \sin 30° = 128 \times \tan 1° \times \sin 30° = 1.117\text{mm}$$

② 如果有四坐标的线切割机床，电极丝的偏移通过 U、V 轴的移动来实现，如果四轴能够联动，则可以加工小于 60°任意锥度，加工上下异形体。

a. 用 U、V 坐标轴固定调整上导轮：

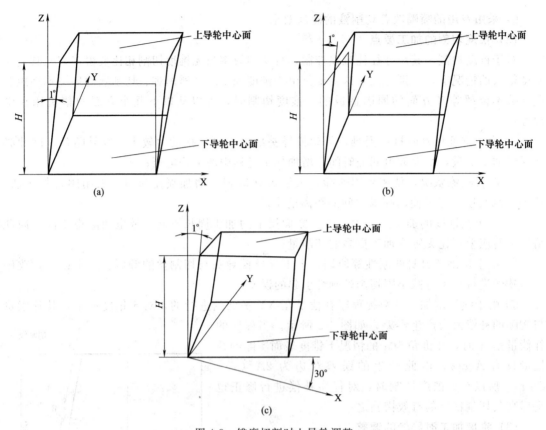

图 4-3　锥度切割时上导轮调整

加工切割如图 4-3（c）所示的锥度，可以通过指令：B1935 B1117 B1935 GU L1 E；

b. 四坐标联动时，采用 ISO 编程，要区分左右锥度，如图 4-4 所示。

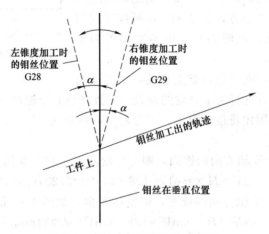

图 4-4　右锥度加工和左锥度加工

锥度 C：

$$C = \frac{D - d}{L}$$

式中　D——锥孔大端直径，mm；

　　　d——锥孔小端直径，mm；

L——工件上圆锥段长度，mm。

图 4-4 中 α 称为斜角，大小是锥度的一半。

c. 调整导轮时，电极丝运丝要开启，使置斜过程中不停地运丝。

4.2 应用举例

4.2.1 固定锥度数控加工编程

线切割加工图 4-5 所示的零件。材料 Cr12，表面粗糙度 $Ra \leqslant 2.5 \mu m$。

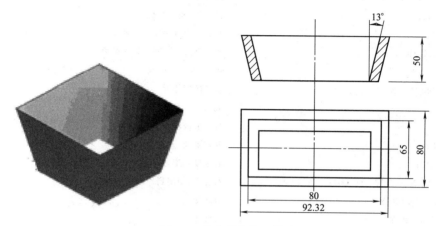

图 4-5 较大斜角的凹模

(1) 工艺分析

这是一个薄壁锥形通孔零件，薄厚均匀，所以内、外锥度均为 13°，右锥度。锥度较大，需要在四轴线切割机床上加工。考虑到工件的装夹，先切割出内锥，然后切割外锥。零件较厚（50mm），因而电参数要选取小值。线切割毛坯采用长方体 110mm×100mm×50mm。

切割加工前的准备加工如下：

下料，锻造，退火，铣六面，在中心钻孔径为 $\phi 4 mm$ 的穿丝孔，淬火，磨上下面。

(2) 工件安装

工件采用桥式支撑方式装夹，零件四周外轮廓与支撑板间的距离为 2mm，因为余料较大，主要找正 Z 向，使上表面水平，X、Y 向可用目测，不必精确找正。用压板压紧四周。

(3) 电参数的确定

① 电极丝的直径：考虑到零件较厚，既要防止断丝，又要防止因电能太低而短路，所以选较粗的钼丝，直径为 $\phi 0.20 mm$。

② 电规准：如表 4-1 所示。

表 4-1 电规准

峰值电流 i_s/A	脉冲宽度 $T_{on}/\mu s$	脉冲间隔 $T_{off}/\mu s$	电压 U/V
1～4	8～12	40～80	85

③ 切割工作液：选择切割专用乳化油。

(4) ISO 加工程序

单边放电间隙取 0.015mm，所以偏移补偿值为 0.115mm。采用右锥度方式切割补偿，上大下小。

(L5010. ISO)	程序名,切割内腔
N10 T84 T86 G90 G92 X0 Y0;	开切割液,开走丝,绝对坐标,设定当前点坐标;
G29 A13.000;	右锥度加工,斜角为 13°
N12 G41 G01 X0 Y－32.5 D01;	左补偿,切割到内腔起割点
N14 G01 X40 Y－32.5;	直线加工
N16 G01 X40 Y32.5;	直线加工
N18 G01 X－40 Y32.5;	直线加工
N20 G01 X－40 Y－32.5;	直线加工
N22 G01 X0 Y－32.5;	直线加工
N24 G27 G40;	锥度关,撤销补偿
N26 G01 X0 Y0;	回到起切点
N28 T85 T87 M02;	关切割液,关走丝,程序结束
N30 M00;	暂停,卸下电极丝
N32 T86 G90 G00 X－55 Y0;	空走丝到外形
N34 T87;	关切割,
N36 M00;	装上电极丝
N38 T84 T86;	开切割液,开走丝,
N39 G29 A13;	右锥度加工,斜角为 13°
N40 G42 G01 X－46.160 Y0 D01;	右补偿,切割到外形起割点
N42 G01 X－46.160 Y－40;	直线加工
N44 G01 X46.160 Y－40;	直线加工
N46 G01 X46.160 Y40;	直线加工
N48 G01 X－46.160 Y40;	直线加工
N50 G01 X－46.160 Y0;	直线加工
N54 G27 G40;	锥度关,撤销补偿
N56 G01 X－55 Y0;	回到起切点
N58 T85 T87;	关切割液,关走丝
N59 M02;	程序结束

4.2.2 变锥度切割加工编程

在实际产品的加工中,经常碰到产品的上下形状各异或形状大致相似而锥度不等的变锥度切割加工。针对这类产品常采用上下异形的编程方法,即将工件上下平面的轮廓按实际产品进行三维造型,然后利用 CAM 软件的四轴联动锥度切割的刀具轨迹进行编程。

在变锥度切割编程中,要注意以下几点:

① 上面与下面分别编程,因此,要分别绘制上下表面的平面轮廓;

② 上、下表面的"节点"要相等;

③ 上、下表面的工件坐标系要重合,起割点和退出点要重合。

图 4-6 是五角星-五瓣圆弧上下异体。线切割如图 4-6 所示的坐标系,起割点和退丝点设在 P1 点。

上、下表面的起割点 p1 点均在 Y 轴上,坐标值为 (0, 12),设从坯料外切入。工件厚度为 20mm,两端支撑方式装夹。电极丝的直径为 ϕ0.20mm,电规准如表 4-2 所示。切割工作液选择切割专用乳化油。

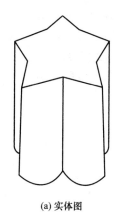

(a) 实体图

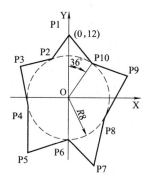

(b) 上表面五角星

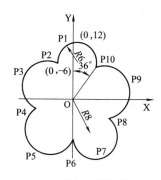

(c) 下表面五瓣圆弧

图 4-6 五角星-五瓣圆弧上下异体

表 4-2 电规准

峰值电流 i_s/A	脉冲宽度 T_{on}/μs	脉冲间隔 T_{off}/μs	电压 U/V
1~4	8~12	$T_{off}/T_{on}=6\sim8$	85

用作图法分别确定上、下表面 P2～P10 坐标值。

线切割数控加工程序如下：

(C=ON OFF IP HRP MAO SV V SF C PIK CTRL EK WT WS WP)

C000=001 015 2215 433 470 060 3 0010 0 000 0000 010 035 080 045

C000=002 015 2215 433 470 050 3 0010 0 000 0000 010 035 080 045

H000=+000000.020000

H001=+000000.120000

N0005 TP0.0

N0010 TN45.0

N0015 G90

N0020 G92 X0.0 Y22.0 U0 V0 Z0

N0025 G29

N0030 T94

N0035 T84

N0040 C000

N0045 G142 H000

N0050 G01 X0.0 Y21.999；G01 X0.0 Y21.999

N0055 C001

N0060 G01 X0.0 Y12.0；G01 X0.0 Y12.0

N0065 H001

N0070 G03 X−5.7063 Y7.8541 I0 J−6.0；G01 X−4.7023 Y6.4721

N0075 G03 X−11.4127 Y3.7082 I0 J−6.0；G01 X−11.4127 Y3.7082

N0080 G03 X−9.2331 Y−3.0 I5.7063 J−1.8541；G01 X−7.6085 Y−2.4721

N0085 G03 X−7.0534 Y−9.7082 I5.7063 J−1.8541；G01 X−7.0534 Y−9.7082

N0090 G03 X0.0 Y−9.7082 I3.5267 J4.8541；G01 X0.0 Y−8.0

N0095 G03 X7.0534 Y−9.7082 I3.5267 J4.8541;G01 X7.0534 Y−9.7082

N0100 G03 X9.2331 Y−3.0 I−3.5267 J4.8541;G01 X7.6085 Y−2.4721

N0105 G03 X11.4127 Y3.7082 I−3.5267 J4.8541;G01 X11.4127 Y3.7082

N0110 G03 X5.7063 Y7.8541 I−5.7063 J−1.8541;G01 X4.7023 Y6.4721

N0115 G03 X0.0 Y12.0 I−5.7063 J−1.8541;G01 X0.0 Y12.0

N0120 H000

N0125 G140 G01 X0.0 Y22.0

N0130 T85

N0135 M02

4.3 训练题

4-1 图4-7所示平面轮廓为一厚度为20mm的锥度零件上表面（小端）正投影视图，尺寸均为平均尺寸，零件锥度为2°。分析切割加工该零件，并编写切割加工程序。

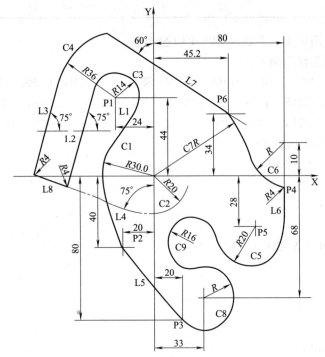

图 4-7 小锥度零件切割加工

4-2 上下异形体的加工编程，如图4-8所示。

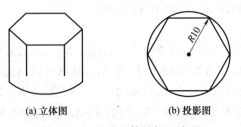

(a) 立体图　　　　　　　　(b) 投影图

图 4-8 上下异形体的加工编程

课题五

切割加工训练（四）难装夹零件的加工

5.1 戟的线切割加工

5.1.1 零件图

如图 5-1 所示为戟的零件图，材料为黄铜。该零件上的 AB 曲线是由 5 个离散点圆弧光滑连接构成，表面粗糙度 $Ra0.8\mu m$，BC 与 CD 夹角为 15°。由图可以看出图中尺寸为自由公差，除曲线 AB 外，其他曲面表面粗糙度均为 $Ra3.2\mu m$。

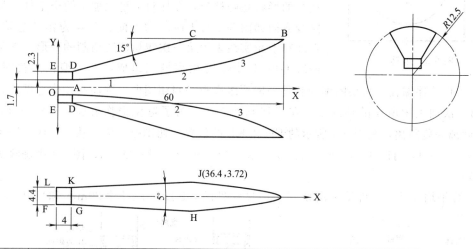

序号	1	2	3	B	C
点坐标	(19.311,1.9698)	(31.65,4.665)	(49,7.785)	(60,12.5)	(36.4,12.5)

图 5-1 戟零件图

由图 5-1 可知，该零件可由一直径为 $\phi25mm$ 的圆棒切割而成：从主视图看，切割的轨迹为 O—A—B，O—E—D—C；在俯视图上，切割路线是：F—G—H，L—K—J。

5.1.2 加工工艺分析

5.1.2.1 零件的加工工艺路线拟订

① 下料；

② 车：在车床上车外圆 $\phi25\pm0.02$mm；

③ 线切割；

④ 抛光；

⑤ 检验。

5.1.2.2 线切割加工操作分析

零件线切割加工需要两次线切割，首先切割主视图所示的零件轮廓，然后翻转 90°加工俯视图所示零件轮廓。为了便于装夹，减小翻转误差，可自制一个方形胎具。胎具如图 5-2 所示。

(1) 第一次线切割加工主视图所示的零件轮廓

① 工件装夹与校正：首先把工件和胎具装夹在一起，工件突出胎具的长度 l 应大于 63mm，以保证能完整地加工出工件。组装完毕，按图 5-3 所示的位置装在线切割工作台上，为了减少翻转进行二次加工所造成的误差，节省校正时间，胎具侧面安装靠板。用百分表校正靠板 A 面，在 100mm 内指针摆动小于 0.02mm。

② 选择钼丝切入位置和切割路线：此工件加工属于外形加工，钼丝起始点可在工件外面切入，不需钻穿丝孔。钼丝起始位置为点 A，在 C 点切入，如图 5-4 所示。坯料的形状是圆柱形，在坯料上可以加工两个工件，加工路线方向如图 5-4 箭头所示的方向。A 点为钼丝起始点，在坯料上粗实线表示第一次线切割所切割的外形。本工件曲线 GF_1 和 JK_1 是由离散点组成，手工编程比较困难，

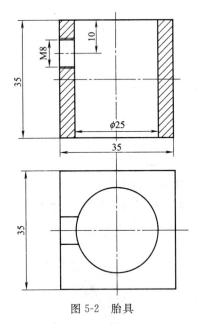

图 5-2　胎具

采用绘图编程软件编程，而绘图编程软件一般要求图形是封闭图形，因而必须作辅助线，虚线是在第一次加工中所作的辅助线。在线切割加工中，为了避免损伤表面，直线 E_1F_1 和 K_1L_1 应偏离一段距离，至图 5-4 所示的 EF 和 KL 的位置。切割路径为，从 A—B—C—D—E_1—E—F—F_1—G—H—I—J—K_1—K—L—L_1—M—N—O—P—Q—A，图 5-4 中虚线为切割空程部分。

③ 计算平均尺寸：工件第一次切割平均尺寸见图 5-5 所示，尺寸 29mm 和尺寸 33mm

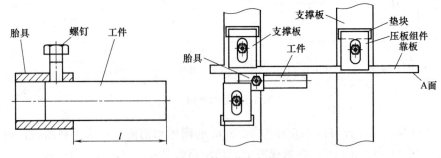

图 5-3　工件的装夹与校正

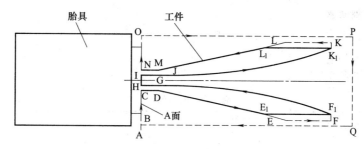

图 5-4　第一次切割的运丝线路图

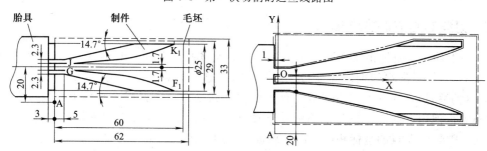

图 5-5　切割尺寸图

是所作辅助线的尺寸，在第二次切割时需要沿 AO 线（图 5-4）切断工件，因此必须考虑钼丝半径和放电间隙，直线 CD、GH、IJ、MN 应适当地增加其长度，由原先 4mm 增至 5mm。图中双点画线为钼丝中心轨迹线。

（2）第二次线切割加工俯视图所示的零件轮廓

① 工件装夹与校正：把胎具绕 X 轴翻转 90°。

② 选择穿丝孔和钼丝切入位置：钼丝在制件外面切入，不需钻穿丝孔，点 P 为钼丝的起始位置，在点 A 切入，如图 5-6 所示。

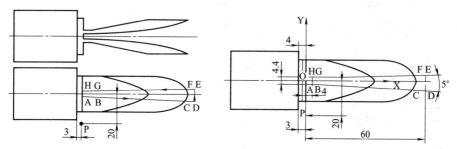

图 5-6　第二次切割路线图

③ 确定切割路线：切割路线见图 5-6，其中粗实线表示第一次线切割加工的外形和相贯线，细实线 ABCFGH 表示为二次切割制件的外形，在加工中为防止损伤曲线 CF，切割延长至 DE，加工路线即为：A—B—D—E—G—H—A。

④ 计算平均尺寸：平均尺寸见图 5-6 所示。

5.1.2.3　主要工具清单

① 夹具　自制胎具一套。

② 辅具　压板组件，靠板，扳手、手锤各一支。

③ 钼丝　选择 φ0.18mm 的钼丝。

④ 量具　带磁力表座的杠杆百分表（分度值为 0.01mm）、游标卡尺，垂直校正器。

5.1.2.4 确定切割参数

① 钼丝偏离量的确定 单面放电间隙为：0.02mm，留 0.01mm 的抛光余量，偏离量 $f=0.18/2+0.02+0.01=0.12$mm。

② 电参数 如表 5-1 所示。

表 5-1 电参数

项目	脉冲宽度/μs	脉冲间隙/μs	电压/V	电流/A	切割液
第一次切割	12～20	60～100	75	1.5	DX-2
第二次切割	12～20	60～100	75	1.5	DX-2

5.1.3 钼丝起始点的确定操作

制件加工前，需要把钼丝摇至起始位置 P 点，具体操作如下：在 X 方向，钼丝在胎具右端碰火花，当火花均匀时，记下 X 方向坐标，把钼丝向 +X 向移动 $S=3-0.12=2.88$mm（偏移量）；在 Y 向，钼丝在工件车成的外圆处碰火花，当有小星火花时，记下 Y 坐标调到零，把钼丝向 +Y 向移动 $S=20-12.5+0.12=7.62$mm（偏移量）。由两次加工路线可知，P 点和 A 点的坐标相同，由于靠板的作用，钼丝在第一次加工完成后返回 A 点，第二次加工时，不需再次找切割起点。P 点确定后，锁住工作台，手轮对零。

5.1.4 线切割加工程序

(1) 第一次切割和加工程序

采用 CAXA 线切割 XP 自动编程，轨迹生成时自动补偿，生成的程序如下：

```
B    120   B     3620   B    3620   GY L1
B      0   B    12260   B   12260   GY L2
B   3865   B        0   B    3865   GX L1
B  40008   B    10496   B   40008   GX L4
B     30   B      116   B      30   GX NR3
B  15977   B        0   B   15977   GX L1
B      0   B      120   B     120   GY NR4
B      0   B     2000   B    2000   GY L2
B    120   B        0   B      62   GX NR1
B  32237   B    58782   B    7143   GX NR1
B  15622   B    38991   B    6358   GX NR1
B  22489   B   103924   B   10116   GX NR1
B  14271   B    99673   B   11802   GX SR3
B  13653   B    53866   B    8788   GX NR1
B   5109   B    69138   B   11857   GX NR1
B   3874   B        0   B    3874   GX L3
B      0   B     3160   B    3160   GY L2
B   3874   B        0   B    3874   GX L1
B   6906   B    72676   B   10038   GX NR3
B   2345   B    50131   B    8809   GX NR4
B  44564   B   175291   B   10292   GX SR2
B  57068   B   397651   B   12075   GX NR4
B   8235   B    42165   B    6388   GX NR4
B  22017   B    59090   B    8461   GX NR4
B     58   B      105   B     105   GY NR4
B      1   B     2000   B    2000   GY L1
```

B	120	B	0	B	120	GX NR1
B	15976	B	0	B	15976	GX L3
B	0	B	120	B	30	GX NR2
B	40009	B	10496	B	40009	GX L3
B	3865	B	0	B	3865	GX L3
B	0	B	12260	B	12260	GY L2
B	61760	B	0	B	61760	GX L1
B	0	B	32760	B	32760	GY L4
B	61760	B	0	B	61760	GX L3
B	120	B	3620	B	3620	GY L3

DD

ISO 程序如下：

```
N    0 G92 X      0.000 Y      −14.000
N    1 G91 G01 X      0.120 Y        9.880
N    2：G01 X     3.865 Y     0.000
N    3：G01 X    32.400 Y    −8.500
N    4：G01 X    23.920 Y     0.106
N    5：G03 X    −3.512 Y     1.659I   −115.152J   −239.223
N    6：G03 X    −5.061 Y     2.194I    −43.024J    −92.311
N    7：G03 X   −11.128 Y     3.169I    −24.400J    −64.562
N    8：G03 X    −3.647 Y     0.644I    −15.197J    −75.412
N    9：G03 X    −2.996 Y     0.452I    −14.465J    −85.629
N   10：G03 X    −2.743 Y     0.379I    −14.974J    −98.295
N   11：G03 X    −3.098 Y     0.399I    −16.060J   −112.435
N   12：G03 X    −3.660 Y     0.430I    −16.865J   −127.679
N   13：G03 X    −4.227 Y     0.437I    −16.908J   −142.866
N   14：G03 X    −4.594 Y     0.398I    −15.962J   −157.420
N   15：G03 X    −4.069 Y     0.297I    −14.705J   −173.614
N   16：G03 X    −3.781 Y     0.245I    −14.399J   −192.874
N   17：G03 X    −3.786 Y     0.231I    −15.174J   −217.791
N   18：G01 X    −3.883 Y     0.000
N   19：G01 X     0.000 Y     3.160
N   20：G01 X     3.883 Y     0.000
N   21：G03 X     3.787 Y     0.231I    −11.387J    218.022
N   22：G03 X     3.780 Y     0.245I    −10.619J    193.119
N   23：G03 X     4.068 Y     0.297I    −10.636J    173.910
N   24：G03 X     4.594 Y     0.398I    −11.369J    157.818
N   25：G03 X     4.227 Y     0.437I    −12.681J    143.303
N   26：G03 X     3.661 Y     0.430I    −13.205J    128.109
N   27：G03 X     3.098 Y     0.399I    −12.962J    112.834
N   28：G03 X     2.743 Y     0.379I    −12.230J     98.674
N   29：G03 X     2.997 Y     0.453I    −11.471J     86.078
N   30：G03 X     3.647 Y     0.644I    −11.550J     76.056
N   31：G03 X    11.128 Y     3.169I    −13.272J     67.730
N   32：G03 X     5.059 Y     2.193I    −37.963J     94.504
N   33：G03 X     3.514 Y     1.660I   −111.637J    240.880
N   34：G01 X   −23.921 Y     0.105
N   35：G01 X   −32.400 Y    −8.500
N   36：G01 X    −3.865 Y     0.000
N   37：G01 X     0.000 Y     9.760
N   38：G01 X    62.760 Y     0.000
```

```
N    39:G01 X      0.000 Y  -27.760
N    40:G01 X  -62.760 Y    0.000
N    41:G01 X      0.000 Y    9.760
N    42:G01 X   -0.120 Y   -9.880
M00 M02
```

（2）第二次切割生成的程序

```
B       0 B 17680 B  17680 GY L2
B    3997 B     0 B   3997 GX L1
B   55997 B  2627 B  55997 GX L4
B       6 B   120 B    120 GY NR3
B       0 B  9654 B   9654 GY L2
B     120 B     0 B    126 GX NR1
B   55997 B  2627 B  55997 GX L3
B    3997 B     0 B   3997 GX L3
B       0 B   120 B    120 GY NR2
B       0 B  4400 B   4400 GY L4
B     120 B     0 B    120 GX NR3
B       0 B 17680 B  17680 GY L4
DD
```

ISO 程序略

（3）最后从坯料上将两个零件切割下来

```
B1000   B0      B1000   GX L1
B0      B40000  B40000  GY L3
DD
```

5.2　大钩子的线切割加工

5.2.1　零件图

如图 5-7 所示为大钩子零件图。材料 45 钢，经过热处理（163～289HB）后，采用线切

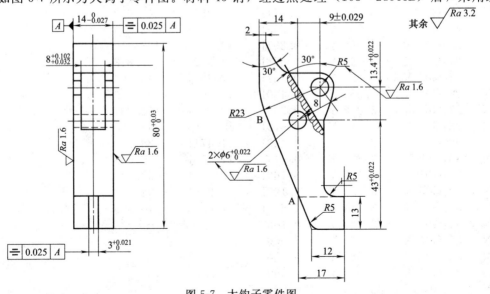

图 5-7　大钩子零件图

割加工零件的外形和 2 个凹槽。两个 $\phi 6^{+0.022}_{0}$ mm 的孔，配钻加工完成。

5.2.2　加工工艺路线

① 下料。

② 锻造：将棒料锻成 300mm×100mm×20mm 的长方体。

③ 退火。

④ 铣削：铣上下平面，留 0.4mm 的磨削余量，磨 A 面，保证与上下表面垂直。

⑤ 热处理：调质。

⑥ 磨上下表面，保证 $14^{0}_{-0.027}$ mm。

⑦ 线切割加工：第一次装夹，加工零件外形；第二次装夹，加工宽度为 $8^{+0.102}_{+0.032}$ mm 的凹槽；第三次装夹，加工宽度为 $3^{+0.021}_{0}$ mm 的凹槽。

⑧ 钻两个 $\phi 6^{+0.022}_{0}$ mm 的孔。

⑨ 检验。

5.2.3　线切割加工分析与规划

5.2.3.1　线切割外形

根据零件形状，利用零件有一段直线 AB，可以合并加工，以提高生产效率，如图 5-8 所示排布加工，可以降低切割费用约 13%，坯料节约 28%。

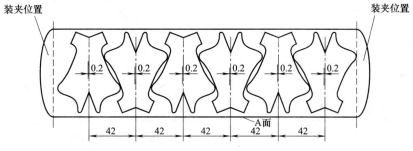

图 5-8　零件排布图

线切割外形时，采用两端支撑方式装夹，如图 5-8 所示。一次装夹共切割 12 个零件，每两个零件为一组，每一组用同一个穿丝孔进线切割加工，切割路线如图 5-9 所示。

考虑到图 5-9 中，AN 部分重复走丝，所以对走丝线路修正如图 5-10 所示。在加工过程中，钼丝中心轨迹相对于零件平均尺寸偏移一垂直距离 f，例如加工件 1 直线 QA 时，钼丝中心向直线左偏 f 距离；加工件 2 直线 $Q_1 A_1$ 时，钼丝中心向直线右偏距离 f。为了在加工过程中，省掉一加工直线，要求加工直线 QA 时，同时也把直线 $Q_1 A_1$ 加工出来，这样直线 QA 和直线 $Q_1 A_1$ 的距离应为 $2f$。选用直径为 0.18mm 的钼丝，如果放电间隙为 0.01mm，每组两零件的距离应为 0.2mm。

为了能一次装丝切出两个零件来，如图 5-10 所示，切割完成件 1 后，从 p 点到件 2 的 a 点，采用空程运丝。切割件 2 完成后，在件 2 的 q 点卸丝，从件 2 的 q 点空程到下一个穿丝孔位置，再在下一个穿丝孔 p 的 2 处装丝。p—p2 在 X 方向平移了 42mm。

5.2.3.2　线切割加工宽度为 $8^{+0.102}_{+0.032}$ mm 的凹槽

在普通线切割上加工，为了便于调整，所加工零件的上平面必须平行于线切割工作台平

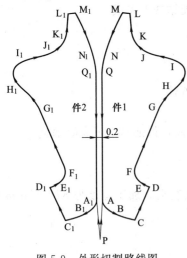

图 5-9　外形切割路线图

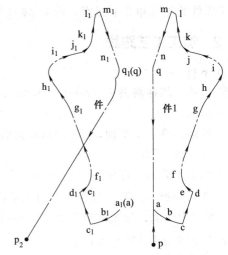

图 5-10　修改后的走丝路线图

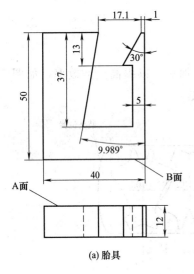

(a) 胎具

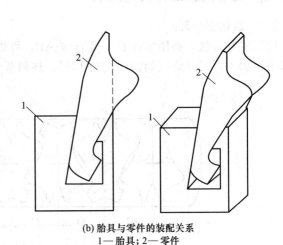

(b) 胎具与零件的装配关系
1—胎具；2—零件

图 5-11　加工宽度为 $8^{+0.102}_{+0.032}$ mm 的凹槽的胎具

面，最好进行无锥度切割。$8^{+0.102}_{+0.032}$ mm 的凹槽底面并非是铅垂面。如用线切割加工凹槽，需制作胎具，如图 5-11 所示。

按图 5-12 所示安装工件，用百分表校正定位靠板 A 面，在 100mm 范围内，百分表指针摆动不大于 0.04mm，胎具的底面 B 与工作台支撑板紧密接触，零件 A 面与定位靠板 C 面靠紧，用夹具把零件和定位靠板连接在一起。

切割凹槽不需要钻穿丝孔，选择在坯料的外部切入，钼丝的起始位置在 P 点上，如图5-13 所示。图中有箭头的线为切割路线，箭头所指方向为切割路线方向：P—A—B—C—D—P。

切割时，对丝操作如下：调整钼丝的垂直度，在 X 方向上，用钼丝调整器调整钼丝垂直度，在 Y 方向上，以定位靠板的 C 面为基准，钼丝和定位靠板 A 面放火花，调整线切割机床上、下导轮，使钼丝和定位靠板均匀放火花，当火花均匀时，固定导轮，手轮对零，向 $-Y$ 向移动钼丝 $L=\dfrac{H}{2}-f=6.9932-0.1=6.8962$mm（$H$ 为零件的实际厚度，f 为偏移量）。在 X 方向，钼丝靠近零件，借用放大镜观看，使钼丝与零件刚好接触为止，记下 X 向

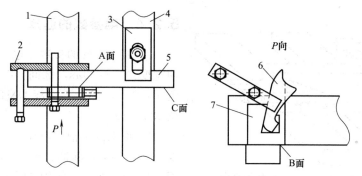

图 5-12　加工 $8^{+0.102}_{+0.032}$ mm 凹槽的装夹

1,4—工作台支撑板；2—夹具；3—压板组件；
5—定位靠板；6—零件；7—胎具

坐标，摇动手轮，钼丝向 XⅡ 正方向移动 $L=4-f=3.9$ mm，手轮对零，此时钼丝处的位置即为加工起始点。加工第二个零件时，由于坯料的厚度一致，只在 X 向校正即可。

5.2.3.3　线切割加工宽度为 $3^{+0.021}_{0}$ mm 的凹槽

由于零件有一段与需要加工的 $3^{+0.021}_{0}$ mm 凹槽垂直，即可利用该边 EF 定位，装夹固定，如图 5-14 所示。安装情况如图 5-15 所示。

工件的 EF 面为基准与工作台支撑板平行，零件上的 EF 面长度为 25mm，不便直接安放在工作台上，需要一个平行垫块把零件垫起，如图 5-15 中的件 5，再用夹具把工件和定位靠板 3 固定。定位靠板用百分表校正，在全长范围内指针摆动不应大于 0.04mm。

加工 $3^{+0.021}_{0}$ mm 凹槽的工艺路线及尺寸如图 5-14，设 P 点为加工起点，在工件外侧，不需要穿丝孔，走丝路线如箭头所示。

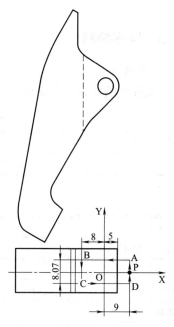

图 5-13　$8^{+0.102}_{+0.032}$ mm 凹槽的切割路线和平均尺寸

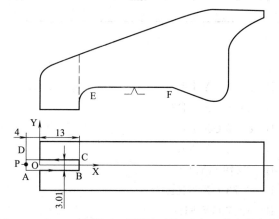

图 5-14　加工 $3^{+0.021}_{0}$ mm 凹槽切割尺寸与工件安装方位图

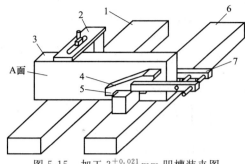

图 5-15　加工 $3^{+0.021}_{0}$ mm 凹槽装夹图

1,6—工作台支撑板；2—压板组件；

3—定位靠板；4—工件；5—垫块；7—夹具

5.2.4　电参数的选择

① 加工外形的参数　电压：75～85V，脉冲宽度：20～30μs，脉间：6～8 倍脉冲宽度，电流：2～2.5A。工作液 DX-2 油基型乳化液，调水 1：15。

② 加工两个槽　电压：70～75V，脉冲宽度：10～16μs，脉间：6～8 倍脉冲宽度，电流：1～1.5A。工作液 DX-2 油基型乳化液，调水 1：15。

③ 电极丝尺寸　选择 ϕ0.18mm 的钼丝，单边放电间隙均取为 0.01mm。

5.2.5　程序编制

（1）外形加工

① 坐标点的计算　由零件图分析计算出图 5-10 中的所有节点，节点坐标如表 5-2 所示。

表 5-2　外形加工节点坐标值

节点名称	p	a	b	c	d	e
坐标值	0,−6	0.076,3.504	3.402,−1.173	11.407,−4.018	15.760,8.232	12.434,12.944
节点名称	f	g	h	i	j	k
坐标值	12.722,14.618	21.092,38.175	24.123,43.806	27.752,51.806	24.426,56.518	10.788,64.892
节点名称	l	m	n	q	p	a1
坐标值	10.865,81.075	8.980,81.744	1.079,59.506	0.1,59.651		−0.076,3.504
节点名称	b_1	c_1	d_1	e_1	f_1	g_1
坐标值	−3.402,−1.173	−11.407,−4.018	−15.760,8.232	−12.434,12.944	−12.722,14.618	−21.092,38.175
节点名称	h_1	i_1	j_1	k_1	l_1	m_1
坐标值	−24.123,43.806	−27.752,51.806	−24.426,56.518	−10.788,64.892	−10.865,81.075	−8.980,81.744
节点名称	n_1	p_2				
坐标值	−1.079,59.506	−42,−6				

② 加工程序

3B 格式：

```
B    24 B  9504 B  9504 GY L2
B  5100 B    34 B  3393 GX NR3
B  8005 B  2844 B  8005 GX L4
B    33 B    94 B    73 GY NR3
B  4353 B 12249 B 12249 GY L1
B    94 B    33 B    73 GX NR4
B  1640 B  4617 B  6257 GY SR3
B  8368 B 23551 B 23551 GY L1
```

B 6059 B 11255 B 11255 GY L1

B 4491 B 2417 B   4002 GX NR4

B 10311 B 3663 B 10311 GX L2

B 1640 B 4617 B   4640 GY SR3

B   76 B 16159 B 16159 GY L2

B   100 B   0 B   67 GX NR1

B 1884 B   670 B   1884 GX L2

B   33 B   94 B   73 GY NR1

B 7901 B 22237 B 22237 GY L3

B 21767 B 7734 B   7890 GY NR2

B   324 B 48146 B 48146 GY L4

B   24 B 9504 B   9504 GY L4

D

B   324 B 9469 B   9469 GY L2

D

B   100 B   34 B   100 GX L1

B 5100 B   34 B   3328 GX SR1

B 7966 B 2952 B   7966 GX L3

B   35 B   94 B   71 GY SR4

B 4517 B 12190 B   12190 GY L2

B   94 B   35 B   71 GX SR3

B 1703 B 4595 B   6298 GY NR4

B 8683 B 23435 B   23435 GY L2

B 6209 B 11171 B   11171 GY L2

B 4458 B 2478 B   3970 GX SR3

B 10261 B 3802 B   10261 GX L1

B 1703 B 4595 B   4684 GY NR4

B   294 B 16156 B   16156 GY L1

B   100 B   2 B   65 GX SR3

B 1876 B   695 B   1876 GX L1

B   35 B   94 B   71 GY SR2

B 8200 B 22130 B   22130 GY L4

B 21661 B 8026 B   7870 GY SR1

B   100 B   2 B   100 GX L3

D

B 41352 B 57649 B   57649 GY L3

DD

（2）加工宽度为 $8^{+0.102}_{+0.032}$mm 的凹槽

程序如下：

B0   B3935   B3935   GY   L2

B16900   B0   B16900   GX   L3

B0	B7870	B7870	GY	L4
B16900	B0	B16900	GX	L1
B0	B3935	B3935	GY	L2
DD				

(3) 加工 $3^{+0.021}_{0}$ mm 凹槽

程序如下：

B0	B1405	B1405	GY	L4
B16900	B0	B16900	GX	L1
B0	B2801	B2801	GY	L2
B16900	B0	B16900	GX	L3
B0	B1405	B1405	GY	L4
DD				

5.2.6 检验

(1) 尺寸误差的检验

零件外廓尺寸均为未注公差尺寸，其实际尺寸由未注公差控制，其实际尺寸可用游标卡尺检测，甚至可用钢直尺测量，这些尺寸可只做首件检查和抽检。同样，对于零件上沟槽的深度尺寸，精度要求类似，可以用相同的办法检测，至于精度较高而尺寸又较小的槽宽尺寸 $3^{+0.021}_{0}$ mm 凹槽，可用量块组合出被测尺寸的最大和最小两个极限尺寸的量块组，用此两组量块对这个槽宽进行检测。对于槽宽尺寸为 $8^{+0.102}_{+0.032}$ mm 的测量可用量程为 5～30mm 的内测千分尺进行直接检测。

(2) 角度误差的检测

此零件上的角度包括钩子顶部的尖角角度 30°，宽度为 $8^{+0.102}_{+0.032}$ mm 的沟槽底平面和零件下部钩子竖直平面之间所夹的锐角 30°。这两个角度均没有公差，按其遵守未注公差处理，测量时均可用万能角度尺进行测量检验。

(3) 形位误差的检测

槽宽尺寸为 $3^{+0.021}_{0}$ mm 的沟槽中心平面相对于零件基准中心平面的对称度误差的检测。因这个槽的宽度较小，不便于用计量仪器直接测量。所以应先在槽中插入一检测用定位块。要求定位块要与槽宽配合良好、没有间隙，并且定位块的配合面应大于槽宽配合面（即定位块的配合面四周要有露出在槽外的部分，正常测量时应多备一些具有不同实际定位尺寸的定位块）。将工件平放在检验平板上。将它的一个侧平面与检验平板的工作面可靠接触，如图 5-16 所示。再在检验平板的工作面上放置一带表座的百分表，将其测头调整至与插入工件被测槽，且露出在工件之外的定位块配合面（面朝上）接触，并产生约 0.5mm 的压缩量，要求接触点要尽可能靠近工件。然后转动表盘将百分表读数调至零位，再在露出的定位块配合面上设定一些测量点（要求这些测点要尽可能靠近工件），并做好标记。轻轻移动百分表，使测头与设定的测量点一次接触并记下各测量的百分表读数，分别记叙：Δ_{i1}、Δ_{i2}、Δ_{i3}、Δ_{i4}、……，然后将工件翻转 180°，将工件另一个侧平面与检验平板的工作面可靠接触，再用上述调整好的同一百分表测量面朝上的定位块配合面上的测点，要求此定位块配合面设定的测点要与上一测量面设定的测点在测量方向上一一对应，将各测点的百分表读数记录下来，表示为 Δ_{j1}、Δ_{j2}、Δ_{j3}、Δ_{j4}、……。再将测点对应的计数用如下公式计算：

$$f_1 = |\Delta_{i1} - \Delta_{j1}|、f_2 = |\Delta_{i2} - \Delta_{j2}|、f_3 = |\Delta_{i3} - \Delta_{j3}|、f_4 = |\Delta_{i4} - \Delta_{j4}|、\cdots\cdots，取$$
其中最大值为该槽的对称度误差。

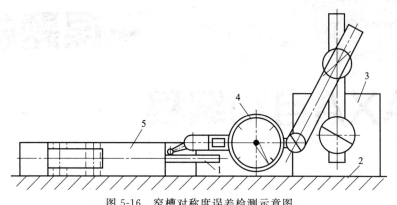

图 5-16　窄槽对称度误差检测示意图

1—检测用定位块；2—检验平板工作面；3—百分表架；4—百分表；5—工件

5.3　训练题

如图 5-17 所示，用线切割加工方法加工零件外形，材料：45 钢。

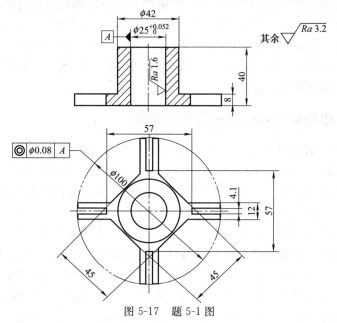

图 5-17　题 5-1 图

CAXA自动编程

6.1 认识 CAXA 线切割 XP

CAXA 线切割 XP 是一个线切割加工的计算机辅助自动编程工具软件。CAXA 线切割为各种线切割机床提供快速、高效率、高品质的数控编程代码，极大地简化了数控编程人员的工作。在传统编程方式下很难完成的工作，CAXA 线切割软件可以快速、准确的完成。CAXA 线切割交互方式绘制需切割的图形，生成带有复杂形状轮廓的两轴线切割加工轨迹，支持快走丝线切割机床，输出 3B 后置格式，使用方便，易于掌握，是一个优秀的线切割国产 CAD/CAM 软件。CAXA 线切割 XP 版，它以 WINDOWS 平台的编程软件，将设计、编程、通信、互交式图像矢量化功能集于一体，安装使用更加方便。本书重点介绍 CAM 部分的功能，侧重于线切割加工的过程。

6.1.1 CAXA 线切割 CAM 部分的主要功能

① 方便有效的后置处理设置：CAXA 线切割针对不同的机床，可以设置不同的机床参数和特定的数控代码，在进行参数设置时无须学习专用语言，可灵活地设置机床参数。

② 逼真的轨迹仿真功能：系统通过轨迹仿真功能，逼真地模拟从起切到加工结束的全过程，并能直观地检查程序的运行状况。

③ 直观的代码反读功能：CAXA 线切割系统可以将生成的代码反读进来，生成加工轨迹图形，由此对代码的正确性进行检验。另外，该功能可以对手工编写的程序进行代码反读，所以 CAXA 线切割代码反读功能可作为线切割手工编程模拟检验器来使用。

④ 优越的程序传输方式：可以将计算机与机床直接联机，CAXA 线切割采用了多种程序传输方式，有应答传输、同步传输、串口传输、纸带穿孔等，能与国产的所有机床进行通信，将程序发送到控制器上。

6.1.2 CAXA 的主界面

如图 6-1 所示，CAXA 的主界面包括：文件名，下拉菜单，图标命令，绘图显示区，命令提示行等。与所有的可视化应用软件的操作一样，命令菜单是 CAXA 的核心内容。

CAXA 线切割 XP 的菜单系统包括：下拉菜单、图标菜单、立即菜单、工具菜单、右键菜单，与操作 Office 软件一样使用鼠标进行操作，十分上手。

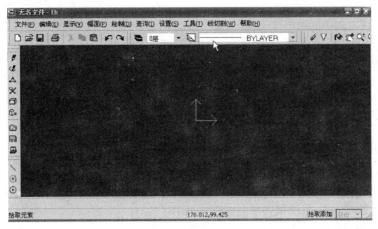

图 6-1 CAXA 线切割 XP 主界面

6.1.3 下拉菜单

下拉主菜单位于主界面的顶部，由一行主菜单和下拉子菜单组成，主菜单如图 6-2 所示，下拉子菜单的形式如图 6-3 所示，图中为线切割菜单的下拉菜单。

文件(F) 编辑(E) 显示(V) 幅面(P) 绘制(D) 查询(I) 设置(S) 工具(T) 线切割(W) 帮助(H)

图 6-2 下拉主菜单

(1) 文件菜单

文件菜单主要用于文件的新建、保存、打开等操作，菜单功能如下。

新文件：创建一个文件（快捷键 Ctrl＋N）。

打开文件：打开一个已有的文件（快捷键 Ctrl＋O）。

存储文件：保存当前文件（快捷键 Ctrl＋S）。

另存文件：更换名称及路径保存当前文件。

文件检索：查找符合条件的文件。

并入文件：将一个已有的文件合并到当前文件。

部分存储：将当前文件的一部分图素存储为一个文件。

绘图输出：文件的打印设置（快捷键 Ctrl＋P）。

数据接口：为非 CAXA 的数据文件格式提供相应的接口。

应用程序管理器：管理软件的二次开发应用程序。

退出：退出本系统。

(2) 编辑菜单

"编辑"菜单中含有 Windows 中较常用的一些命令和改变图形属性的命令。"编辑"菜单的下拉菜单功能：

取消操作，取消上一次的操作（快捷键 Ctrl＋Z）。

重复操作：恢复一个"取消操作"命令（快捷键 Ctrl＋Y）。

图形剪切：剪切选中的图形或 OLE 对象（快捷键 Shift＋

图 6-3 下拉子菜单形式

Delete）。

图形拷贝：拷贝选中的图形或 OLE 对象（快捷键 Ctrl＋C）。

图形粘贴：对图形或 OLE 对象进行粘贴。

选择性粘贴：选择合适的格式将剪贴板中的内容粘贴到文档中。

插入对象：插入一个新 OLE 对象。

删除对象：删除一个选中的对象。

对象属性：显示所选对象的属性。

拾取删除：删除所拾取的实体。

删除所有：删除当前文件上的所有实体。

改变颜色：改变实体的颜色。

改变线型：改变实体的线型。

改变层：改变所选实体的图层。

（3）显示菜单

"显示"菜单主要用于控制绘图工作区的显示，菜单包括的下拉菜单及功能：

重画：刷新屏幕。

鹰眼：通过鹰眼可以浏览图纸整体，定位和放大。

显示窗口：用窗口将图形放大。

显示平移：指定屏幕的显示中心。

显示全部：显示全部图形。

显示复原：复位显示图形的初始状态。

显示比例：按给定的比例将图形缩小或放大显示。

显示回溯：显示前一幅图形。

显示向后：显示后一幅图形。

显示放大：按固定比例（1.25 倍）将图形放大显示。

显示缩小：按固定比例（0.8 倍）将图形缩小显示。

动态平移：拖动鼠标平行移动图形。

动态缩放：拖动鼠标放大缩小图形。

全屏显示：全屏幕显示图形。

（4）幅面菜单

"幅面"菜单主要为满足图形输出时的要求。CAXA 线切割 XP 预置了关于一些标准图幅、图框等。下拉菜单及功能：

图纸幅面：设置图纸幅面绘图比例。软件预置了多种常见幅面的图纸，并且可以根据要求自定义幅面，并设置绘图比例。

图框设置：根据新选幅面选择预置的图框或者自定义生成图框。

标题栏：提供预置的标题栏，可自定义生成标题栏以及自动填写标题栏。

零件序号：提供零件序号的生成，删除及序号格式的编辑功能。

明细表：提供设置明细表的格式，自动填写明细表，并可以将 Excel 数据自动填写到明细栏及将明细栏数据输出。

背景设置：设置绘图工作区背景。

（5）绘制菜单

绘制菜单是 CAXA 线切割 XP 的 CAD 部分，能够提供各种平面图形的绘制和编辑命令。有两级下拉菜单，如图 6-4 所示。

基本曲线：提供基本的绘图命令，如直线、圆弧等。

高级曲线：提供高级的绘图命令，如图 6-4 所示。这是 CAXA 国产 CAM 软件的一大特点，使制图过程更加简化，以便用户可以集中精力于 CAM 的加工过程，而不会被制图弄得晕头转向。

工程标注：提供尺寸标注、形位标注及标注格式设置等命令。

曲线编辑：提供曲线编辑及特征操作命令，如："镜像"、"平移"等。

块操作：对图形中进行块操作，如："生成块"、"打散块"等。

库操作：自定义图库、插入已定义的标准件及标准件库文件管理。

(6) 查询菜单

如图 6-5 所示，查询菜单主要提供查询工具，进行绘图信息和系统信息的查询。如坐标点的查询，可以一次查询多个目标点的坐标。

(7) 设置菜单

设置菜单用于绘图图面管理，如线型、颜色、屏幕点、拾取、文字、剖面图案等。

(8) 工具菜单

工具菜单提供图纸管理、打印排版、Exb 文件浏览、记事本、计算器、画笔等工具。

(9) 线切割菜单

如图 6-3 所示，线切割菜单是用于线切割加工操作，是 CAXA 线切割软件的主要菜单。

轨迹生成：生成加工轨迹。在图上选择要切割的图形，确定偏移补偿方式和方向，切割起点和终点，最终生成一条绿颜色的切割加工轨迹。

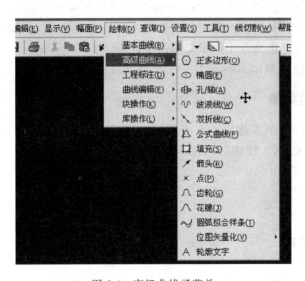

图 6-4 高级曲线子菜单

图 6-5 查询菜单

轨迹跳步：用跳步方式连接所选轨迹。

取消跳步：取消轨迹之间的跳步连接。

轨迹仿真：进行轨迹加工的仿真演示。根据切割轨迹，可以动态演示线切割轨迹过程。

查询切割面积：计算线切割面积。

生成 3B 代码：生成所选轨迹的 3B 线切割加工程序代码。

生成 4B/R3B 代码：生成所选轨迹的 4B/R3B 代码。

校核 B 代码：校核已经生成的 B 代吗。

生成 HPGL：生成所选轨迹的 HPGL 代码。

查看/打印代码：查看或打印已生成的加工代码。

粘贴代码：将代码文件的内容粘贴到绘图区。

代码传输：传输已生成的加工代码。

R3B 后置设置：对 R3B 格式进行设置。

四轴轨迹：设置机床类型。

四轴轨迹仿真：进行四轴轨迹加工的仿真演示。

插入工艺参数：设置线切割的工艺参数。

查看工艺参数：察看线切割的工艺参数。

无屑切割：设置无屑加工。

(10) 帮助菜单

日积月累：介绍软件的一些操作技巧。

帮助索引：打开软件的帮助。

命令列表：查看各功能的键盘命令及说明。

关于 CAXA 线切割：显示版本及用户信息。

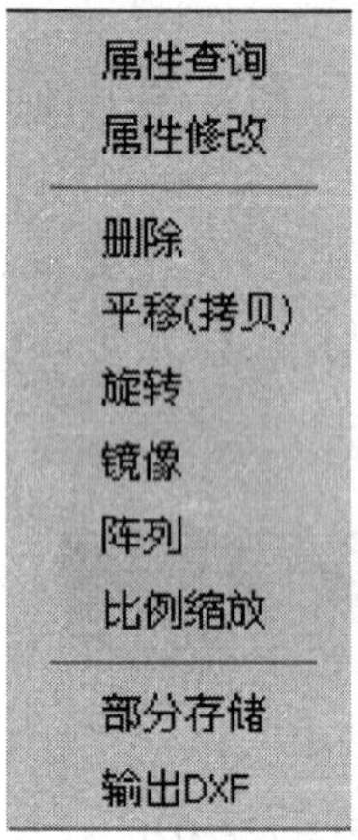

图 6-6　右键菜单命令

6.1.4　图标工具栏

图标工具栏比较形象地表达了各个图标的动能，用户可根据自己的习惯和要求进行自定义设计，选择最常用的工具图标，放在适当的位置，使操作适应个人习惯。图标工具栏包括标准工具栏、属性工具栏、常用工具栏、绘制工具栏和基本曲线工具栏等 5 大部分，包括了所有下拉菜单命令中的子菜单命令。

图标工具栏是 Windows 软件的一个共同特点，形象、生动。

6.1.5　右键菜单

在绘图时，选中实体后，点击鼠标右键后出现的一个菜单，这也是 Windows 的一个鼠标操作特点。CAXA 线切割的右键菜单命令如图 6-6 所示。

6.2　线切割操作

6.2.1　轨迹与数控加工程序的生成

6.2.1.1　切割轨迹的生成

线切割加工轨迹的生成是产生数控加工程序的基础。所谓线切割加工轨迹就是在电花线切割加工过程中，金属电极丝切割的实际路径。

CAXA 线切割 XP 的轨迹生成功能是在已有 CAD 轮廓的基础上，结合各项工艺参数，由计算机自动将加工轨迹计算出来。

所谓轮廓就是一系列首尾相接曲线的集合。轮廓一般分为三大类：开轮廓、闭轮廓和有自交又点轮廓。如果轮廓是用来界定被加工区域的，则指定的轮廓应是闭轮廓。如果加工的是轮廓本身，则轮廓可以是闭轮廓，也可以是开轮廓。无论在哪种情况下，生成轨迹的轮廓线不应有自交又点。

操作说明：

（1）在 CAXA 线切割 XP 中，轨迹生成可以通过菜单"线切割"—"轨迹生成"，弹出如图 6-7 所示对话框。

对话框分为"切割参数表"和"偏移量/补偿值"两页，图 6-7 是切割参数表，图 6-8 是偏移量/补偿值表。切割参数表由 6 部分组成：切入方式、圆弧进退刀、加工参数、补偿实现方式、拐角过渡方式、样条拟合方式。

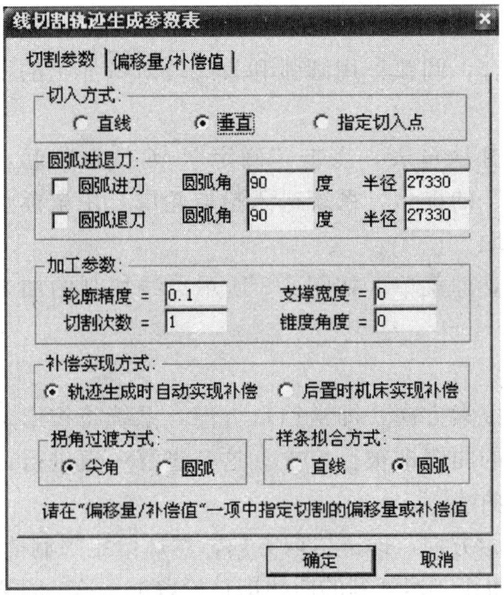

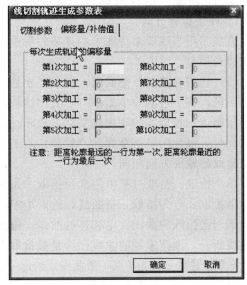

图 6-7　切割参数表

图 6-8　偏移量/补偿值表

① 切入方式。

直线切入：电极丝直接从穿丝点切入到加工起始段的起始点。

垂直切入：电极丝从穿丝点垂直切入到加工起始段，以起始段上的垂点为加工起始点。当在起始段上找不到垂点时，电极丝直接从穿丝点切入到加工起始段的起始点，L 此时等同于"直线"方式切入。

指定切入点：电极丝从穿丝点切入到加工起始段，以指定的切入点为加工起始点。

② 加工参数。

切割次数：加工工件次数，最多为 10 次。

轮廓精度：轮廓有样条时的离散误差，对由样条曲线组成的轮廓，系统将按给定的误差把样条离散成直线段或圆弧段，用户可按需要来控制加工的精度。

锥度角度：做锥度加工时，电极丝倾斜的角度。如果锥度角度大于 0°，关闭对话框后用户可以选择是左锥度或右锥度。

支撑宽度：进行多次切割时，指定每行轨迹的始末点间保留的一段没切割部分的宽度。当切割次数为一次时，支撑宽度值无效。支撑宽度其实是针对凸型零件的多次切割而设计的。

③ 补偿实现方式。

轨迹生成时自动实现补偿，生成的轨迹直接带有偏移量，实际加工中即沿该轨迹加工。后置时机床实现补偿，生成的轨迹在所要加工的轮廓上，通过在后置处理生成的代码中加入给定的补偿值来控制实际加工中所走的路线。

每次切割所用的偏移量或补偿值在"偏移量/补偿值"一项中指定。当采用轨迹生成实现补偿的方式时，指定的是每次切割所生成的轨迹距轮廓的距离；当采用机床实现补偿时，指定的是每次加工所采用的补偿值，该值可能是机床中的一个寄存器变量，也可能就是实际的偏移量，要视实际情况而定。

④ 拐角过渡方式。

尖角：轨迹生成中，轮廓的相邻两边需要连接时，各边在端点处沿切线延长后相交形成尖角，以"尖角"的方式过渡。

圆弧：轨迹生成中，轮廓的相邻两边需要连接时，以插入一段相切圆弧的方式过渡连接。

⑤ 样条拟合方式。

直线：用直线段对待加工的样条轮廓进行拟合。圆弧：用圆弧和直线段对待加工的样条轮廓进行拟合。

（2）切割参数填写完成后，按切割次数填写补偿量表，点击"确定"，对话框收起，回到绘图区，在下边的命令提示行，有"拾取轮廓"的提示，系统进入拾取轮廓。用鼠标点击图形轮廓线，被拾取的轮廓线变红，表示已被选取。

此时可以使用空格键弹出"轮廓拾取工具"立即菜单。如图 6-9 所示。线切割的加工方向与拾取的轮廓方向相同。

单个拾取：拾取过程中每次只拾取一条曲线。

链拾取：首先拾取一条曲线，然后给定一个搜索方向，即链拾取方向，系统将按给定方向搜索与已拾取的曲线首尾相连的曲线，搜索到的曲线即被拾取上。这一过程一直进行，直到曲线断开，或搜索到的曲线已经是被拾取上的曲线。

限制链拾取：首先拾取一条曲线，给定一个搜索方向，即链拾取方向，然后给定限制曲线，系统将按给定方向搜索与已拾取的曲线首尾相连的曲线，搜索到的曲线即被拾取上。这一过程一直进行，直至搜索到的曲线为限制曲线，或者已经是被拾取上的曲线，或者是曲线断开。

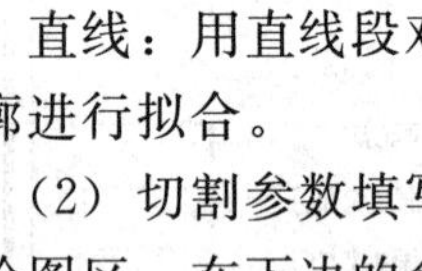

> <u>S</u> 单个拾取
> <u>C</u> 链拾取
> <u>L</u> 限制链拾取

图 6-9 "轮廓拾取工具"
立即菜单

（3）选择加工侧边，即电极丝偏移的方向，生成的轨迹将按这一方向自动实现电极丝的偏移补偿，补偿量即为指定的偏移量加上加工参数表里设置的加工余量。

（4）指定穿丝点位置及最终切到的位置。

完成上述步骤后即可生成加工轨迹。在绘制区有一条绿色曲线生成，这条绿色线即为加工轨迹。

注意：穿丝点的位置必须指定，且穿丝点与轮廓的尺寸要明确。这样便于今后的切割。

小技巧：轨迹生成后，可通过曲线编辑功能对生成的轨迹进行编辑处理，如拷贝、旋转等。

6.2.1.2 轨迹仿真

对已生成的加工轨迹进行加工过程模拟，可以检查加工轨迹的正确性。对系统生成的加工轨迹，仿真时用生成轨迹时的加工参数，即轨迹中记录的参数；对从外部反读进来的刀位轨迹，仿真时用系统当前的加工参数。

在 CAXA 线切割 XP 中，轨迹仿真操作可以通过菜单"线切割"—"轨迹仿真"实现，或在"轨迹生成"工具栏中点击"轨迹仿真"按钮

，然后拾取前面生成的轨迹。在屏幕下边，出现了图 6-10。可选择 1："连续"或"静态"，2：修改步长。在连续过程中，修改步长可以调整动态加工过程的快或慢。

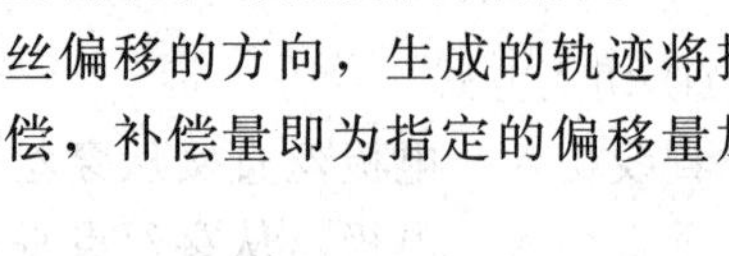

图 6-10 轨迹模拟

6.2.1.3　生成加工程序

CAXA 线切割 XP 可以把加工轨迹转化成加工机床所能控制的加工程序。CAXA 线切割 XP 能生成的程序代码包括：生成 3B 加工代码、生成 4B/R3B 加工代码、校核 B 代码、生成 G 代码、校核 G 代码、查看/打印代码、粘贴代码共 7 项内容。

（1）生成 3B 加工代码

在主菜单"线切割"中下拉菜单"生成 3B 加工代码"，或点击"代码生成"按钮![btn]，弹出"代码生成"工具栏，如图 6-11 所示。

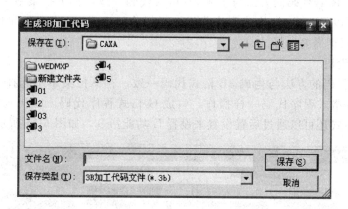

图 6-11　生成 3B 加工代码对话框

在"文件名（N）"栏中输入程序的名字，如"03"，单击"保存"，在屏幕下方出现图 6-12 所示的立即菜单。

图 6-12　生成 3B 程序的立即菜单

然后拾取加工轨迹，鼠标右键或键盘回车键结束拾取后，被拾取的加工轨迹即转化成 3B 加工代码。如图 6-13 所示。

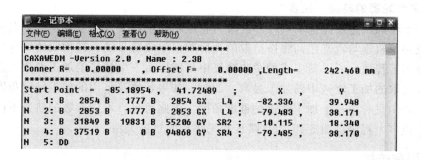

图 6-13　生成 3B 加工程序

程序格式有以下几种：

指令校验格式：在生成数控程序的同时，将每一轨迹段的终点轨迹坐标也一起输出，以供检验程序之用。

紧凑指令格式：只输出数控程序，并且将各指令字符紧密排列。

对齐指令格式：将各程序段相应的代码一一对齐，并且每一指令字符间用空格隔开。

详细校验格式：不但输出数控程序，而且还提供了各轨迹段起终点的坐标值、圆心坐标值、半径等。

还可以设置计算机与机床进行数据传输的方式：串口传输、纸带穿孔、同步传输、应答传输及不传输代码的设置。

(2) 生成 4B/R3B 加工代码

操作产生 4B/R3B 代码的方法与生成 3B 格式代码一致，在下拉菜单中选择"生成 4B/R3B 代码"，就可以像生成 3B 格式程序代码一样操作，生成 4B 格式程序代码。4B 格式代码有两种，可以根据需要选择。

(3) 生成 G 代码

操作产生 G 代码的方法与生成 3B 格式代码一致，在下拉菜单中选择"生成 G 代码"，就可以像生成 3B 格式程序代码一样操作，生成 G 格式程序代码。G 代码的文件名后缀是".iso"，G 代码格式还可以通过后置设置来设置 G 功能指令，如图 6-14 所示。

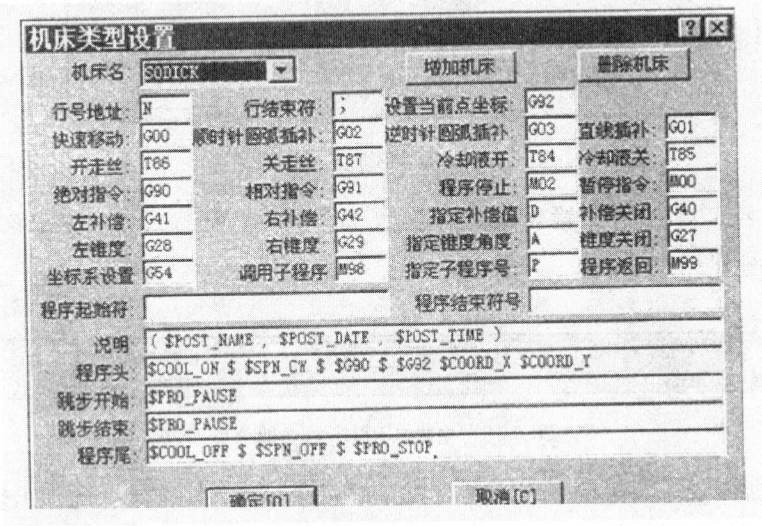

图 6-14 机床类型设置

6.2.1.4 多个轮廓的轨迹"跳步"

当有多个轮廓轨迹要分别切割时，轨迹与轨迹之间就需要摘丝空移动——跳步。CAXA 拾取多个轨迹，轨迹与轨迹之间将按拾取的先后顺序生成跳步线，被拾取的轨迹将变成一个轨迹，生成加工程序。所以新生成的跳步轨迹中只能保留一个轨迹的加工参数，系统中只保留第一个被拾取的加工轨迹中的加工参数。此时，如果各轨迹采用的加工锥度角度不同，生成的加工代码中只有第一个加工轨迹的锥度角度。由此可见，不同参数的轨迹不能生成一个程序，要生成多个程序。图 6-15 为有跳步和无跳步的轨迹关系。

6.2.2 程序传输

程序传输将数控加工程序代码通过通信电缆直接从计算机传输到数控机床上，这解决了手工键盘输入的繁琐性和易出错性，节省了用键盘输入程序的时间和检查程序的时间，大大提高了生产效率。CAXA 线切割 XP 提供了 4 种传输方式：应答传输、同步传输、串口传输、纸带穿孔。

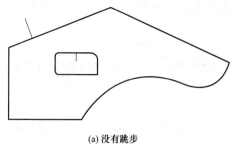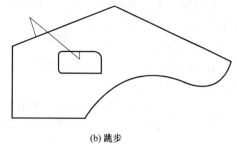

(a) 没有跳步　　　　　　　　　　　　(b) 跳步

图 6-15　轨迹跳步

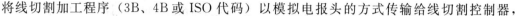

（1）应答传输

将线切割加工程序（3B、4B 或 ISO 代码）由机床输出的脉冲信号控制计算机发送数据的速度。计算机并口与线切割控制器（通信口）的接线图如图 6-16 所示，其中 D0、D1、D2、D3、D4 对应线切割控制器接口的 5 根接收数据线 i1、i2、i3、i4、i5，详见机床控制器说明书。

操作过程：在"线切割"主菜单下点击下拉子菜单"代码传输"—"应答传输"，弹出一个传输文件对话框（或默认当前代码），选择要传输的文件，打开，在保证机床正确接收的情况下，回车或点鼠标键，开始传输。传输过程中按 ESC 键可退出传输。传输中系统提示"正在检测机床信号状态"，此时系统正在确定机床发出的信号的波形，并发送测试码。这时操作机床，让机床读入纸带，如果机床发出的信号状态正常，系统的测试码被正确发送，输"，如果机床的接受信号（读纸带）已经发出。

以模拟电报头的方式传输给线切割控制器，

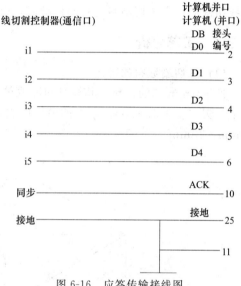

图 6-16　应答传输接线图

即正式开始传输文件代码，并提示"正在传输"，而系统总处于检测机床信号的状态，不进行传输，则说明计算机无法识别机床信号，此时可按 ESC 键退出。系统传输的过程可随时按 ESC 键终止。如果传输过程中出错，系统将停止传输，提示"传输失败"，并给出失败时正在传输的代码的行号和传输的字符。出错的情况一般是由电缆上或电源的干扰造成的。

停止传输后，点击鼠标键或 ESC 键，可结束命令。

（2）同步传输

用模拟光电头的方式，将生成的程序代码快速同步传输给线切割机床。由计算机发出同步信号驱动机床接收数据，在向机床发送数据之前一

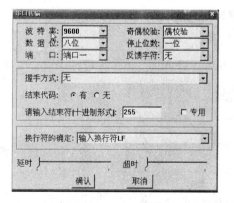

图 6-17　串口传输参数

定要先将机床置于收信状态。

传输完毕，系统在状态栏显示"传输结束"，表示代码传输已成功。停止传输后，点鼠标键或"ESC"键，可结束命令。

(3) 串口传输

将加工程序代码以计算机串口通信的形式传输到线切割控制器。这种方式适用于有标准通信接口的控制器。

传输中，要设置好串口通信传输参数，如图 6-17 所示。设置通信参数必须严格按照控制器的串口参数来设置，确保发送方（如计算机）和接收方（如控制器）的参数设置相同。

6.3 应用举例

例 6-1 生产图 6-18 所示多功能角度样板，板厚 1mm。可以用冲压的方法一次成型。用线切割加工方法切割制造其凹模型腔，已知凹模的材料用 Cr12。

6.3.1 工艺分析

(1) 线切割坯料的确定

冲压 1mm 厚的板料，其模具间隙取单边 0.01mm，凸模尺寸取样板尺寸，间隙落在凹模上，刃口长度取 8mm，余下凹模厚做成一个 1° 锥，便于工件落下。取凹模坯料 130mm×70mm×40mm。

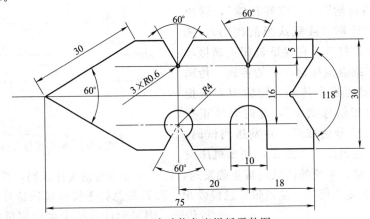

图 6-18 多功能角度样板零件图

(2) 坯料的加工

坯件锻造后退火，铣六面，达尺寸 130mm×70mm×41mm，上下面共留 1mm 的磨削余量，使表面 $Ra=3.2\mu m$，钻穿丝孔，磨上、下两表面，表面达 $Ra=1.6\mu m$。

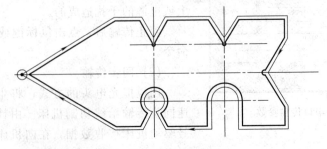

图 6-19 线切割轨迹图

（3）型腔的走丝路线

起割点设在离尖点对称线上 10mm 处，放电间隙补偿在外侧。从尖角处顺时针一圈，并回到穿丝孔的位置。如图 6-19 所示。

（4）工件的装夹

采用两端支撑的方法安装工件，考虑到工件较厚，在余料的下方辅助垫上一个支撑。用百分表找正，用压板压住工件。

6.3.2 加工程序

在 CAXA 软件上按零件图 6-16 绘制零件图，按上述操作方法产生 3B 程序，设补偿在材料侧，补偿量为 0.1（0.01+0.09）mm。程序如下。

B	10200	B	0	B	10200	GX	L3
B	26154	B	15100	B	26154	GX	L1
B	7062	B	0	B	7062	GX	L1
B	3771	B	6530	B	6530	GY	L4
B	87	B	50	B	63	GX	SR1
B	250	B	433	B	1500	GX	NR2
B	50	B	87	B	137	GY	SR3
B	3770	B	6529	B	6529	GY	L1
B	11943	B	156	B	11943	GX	L1
B	3860	B	6686	B	6686	GY	L4
B	87	B	50	B	63	GX	SR1
B	250	B	433	B	1500	GX	NR2
B	50	B	87	B	137	GY	SR3
B	3923	B	6795	B	6795	GY	L1
B	13964	B	267	B	13964	GX	L4
B	0	B	5126	B	5126	GY	L4
B	5714	B	9509	B	9509	GY	L3
B	86	B	52	B	138	GX	SR4
B	258	B	429	B	1516	GX	NR1
B	52	B	86	B	62	GY	SR2
B	5716	B	9509	B	9509	GY	L4
B	0	B	5126	B	5126	GY	L4
B	12600	B	241	B	12600	GX	L3
B	0	B	7339	B	7339	GY	L2
B	4900	B	0	B	9800	GY	NR1
B	0	B	7252	B	7252	GY	L4
B	11717	B	153	B	11717	GX	L2
B	2121	B	3672	B	3672	GY	L2
B	1863	B	3426	B	11874	GX	NR4
B	2121	B	3673	B	3673	GY	L3
B	7062	B	0	B	7062	GX	L3

B　26154 B　15100 B　26154 GX L2
B　10200 B　　　0 B　10200 GX L1
DD

6.3.3　加工操作

电参数确定如下：

脉冲宽度：12μs；　　脉冲间隔：60μs；　　加工电流：2A；　　脉冲电压：80V

电极丝：钼丝，直径：0.18mm

放电间隙：0.01mm

补偿量：0.1＝0.09＋0.01mm

加工预留量：0

工作液：专用线切割乳化液。

6.4　训练题

切割加工如图 6-20 所示零件，设工件的厚度为 20mm。

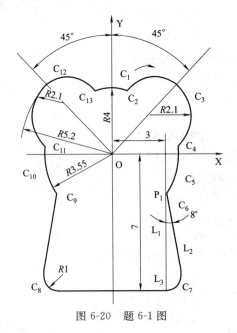

图 6-20　题 6-1 图

课题 七

慢走丝线切割加工

7.1 慢走丝线切割加工的特点

慢走丝的丝速为 $1.8 \sim 12 m/min$，单向运丝，故没有储丝筒，常用线径为 $\phi 0.20 \sim 0.25mm$ 的黄铜丝和镀锌铜电极丝。铜丝的外层有多层涂复，能提高加工性能。为了提高线切割加工精度，需要对电极丝张紧。张力愈弱，振动愈大，鼓状量愈多，而传送速度愈慢，则容易发生导线断裂或形成锥形形状，所以，在不断丝的前提下，尽量张紧电极丝。

先进的低速走丝电火花线切割机床采用的脉冲电源脉宽仅几十纳秒，峰值电流在 1000A 以上，形成气化蚀除，不仅加工效率高，而且使表面质量大大提高。一次切割时 $Ra \leqslant 0.8 \mu m$，切割速度达 $350 mm^2/min$。

慢走丝线切割机所加工的工件表面粗糙度可达到 $Ra = 0.16 \mu m$，圆度误差、直线误差和尺寸误差都较快走丝线切割加工低，所以在加工高精度模具零件时，慢走丝线切割一种非常重要的方法，越来越受到重视。应用慢走丝线切割加工，为了达到较高的尺寸精度和表面质量，常需要多次切割。慢走丝切割编程普遍采用 ISO 编程代码，格式符合 ISO 的有关标准。

图 7-1 所示为台湾精呈慢走丝机床产品 V40。

慢走丝上丝参见图 7-2 所示穿丝路线，牵引供丝绕线轴上成卷电极丝的丝头依次穿过压紧卷筒、滚筒、导

图 7-1　精呈线切割慢走丝机床 V40

轮、恒张力控制轮、上部电极丝导向器、工件、下部电极丝导向器至拉丝卷筒。在一定范围内调节好伺服电机恒张力控制装置，使电极丝保持一定的张力，稳定地运行。慢走丝电火花线切割加工时可以采用距离密着加工，即使上部导向器与工件的距离尽量靠近（约 $0.05 \sim 0.10mm$），避免因距离较远而使电极丝振幅过大影响工件加工质量。电极丝安装完毕后，需校正其垂直度，校正方法与快走丝电火花线切割加工相同。

粗加工采用宽脉冲宽度、高峰值电流、正极性加工，提高切割效率；精加工时采用极短脉宽和单个脉冲能量，可显著提高加工表面质量。电源电压不稳定会造成电极与工件两端不稳定，从而引起击穿放电过程不稳定而影响工件的加工质量。所以应该保持稳定的电源电压。

多次加工时，分主切割、过渡切割和最终切割，电极丝一次使用，在不同的切割阶段，选择电参数的侧重点不同。主切割时电参数的选择主要侧重切割速度，最终切割时的电参数侧重被加工件对表面质量和加工精度的要求。

(1) 脉冲宽度

脉冲宽度的选择范围一般为 $0.5 \sim 100 \mu s$，它是随着脉冲宽度的增加，单个脉冲能量增大，切割速度提高，表面粗糙度变差。

主切割：主切割时选择较宽的脉冲宽度，一般为 $20 \sim 100 \mu s$。

过渡切割：过渡切割时选择的脉冲宽度，一般为 $5 \sim 20 \mu s$。

最终切割：最终切割时选择的脉冲宽度应小于 $5 \mu s$。

脉冲宽度的选择还与切割工件的厚度有关，工件的厚度增加，脉冲宽度适当增大。

(2) 短路峰值电流

慢速走丝线切割峰值电流选择范围比快速走丝选择范围大，一般短路峰值电流可达 $100A$，平均切割电流可达 $18 \sim 30A$。

主切割时选择较大的峰值电流；过渡切割时选择峰值电流时，应随着切割次数的增加，峰值电流逐渐减小。峰值电流的选择与电极丝直径有关，直径越粗，选择的峰值电流越大，反之则越小。

(a) 结构图

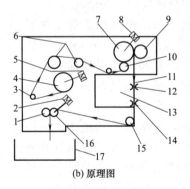

(b) 原理图

图 7-2　慢走丝穿丝路线

1,9,10—压紧卷筒；2—电极丝自动卷绕电机；3—滚筒；4—供丝绕线轴；5—预张力电机；
6,15—导轮；7—恒张力控制轮；8—恒张力控制伺服电机；11—电极丝；12—上部电极丝导向器；
13—工件；14—下部电极丝导向器；16—拉丝卷筒；17—废电极丝回收箱

(3) 脉冲间隔

脉冲电源的脉冲间隔对切割速度影响较大，对表面粗糙度的影响较小。脉冲间隔增大，将降低主切割速度，工件的表面粗糙度改变较小。脉冲间隔减小，致使脉冲频率提高，及单位时间内放电加工次数增多，则平均加工电流增大，切割速度提高。

选择脉冲间隔太小，会使放电产物来不及排除，放电间隙来不及充分消电离，加工不稳定，易造成工件的烧蚀或断丝。选择脉冲间隔太大，会使切割速度明显降低，严重时不能连续进给，影响加工的稳定性。

合理选择脉冲间隔，应根据工件的厚度和脉冲宽度合理选择脉冲间隔，以保证加工的稳定性。

（4）空载电压

空载电压的大小直接影响峰值电流的大小，提高空载电压，峰值电流增大，切割速度提高，但工件表面粗糙度变差。空载电压对加工间隙也有影响，电压高，间隙大；电压低，间隙小。空载电压可在60～300V之间选择，常用开路电压为80～120V。

（5）脉冲空载百分比

在精修切割时，脉冲空载百分比的高低影响加工工件的形状。脉冲空载百分比一般为10%～93%，常用的为20%～47.5%。

（6）工作液的选配

慢速走丝电火花加工的工作液一般都用去离子水，在加工时，应将所用的去离子水的电阻率控制在一定范围内，一般为10～100kΩ·cm，具体数值视工件材料、厚度及加工精度而定。如果用黄铜丝加工钢时，工作液的电阻率宜低；用黄铜丝加工硬质合金时，工作液的电阻率宜高。

主切割时，冲液压力选择为4～12kgf/cm²（1kgf/cm² ＝ 98kPa，下同），冲液流量为5～6L/min，在修整切割中，冲液压力选择为0.2～0.8kgf/cm²，冲液流量为1～2L/min。

表7-1列出了数控快走丝和慢走丝机床和工艺水平的主要区别。

表7-1　数控快走丝和慢走丝机床和工艺水平的主要区别

比较项目	快速走丝电火花线切割加工机床	慢速走丝电火花线切割加工机床
走丝速度	≥2.5m/min，常用值6～10m/min	<2.5m/min
电极丝工作状态	往复供丝，反复使用	单向运行，一次使用
电极丝材料	钼、钨钼合金	黄铜、铜、以铜为主体的合金或镀覆材料
电极丝直径	ϕ0.03～0.25mm，常用值ϕ0.12～0.20mm	ϕ0.003～0.30mm，常用值ϕ0.20mm
穿丝方法	只能手工	可手工，可自动
工作电极丝长度	数百米	数千米
电极丝张力	上丝后即固定不变	可调，通常2.0～25N
电极丝振动	较大	较小
运丝系统结构	较简单	复杂
脉冲电源	开路电压80～100V,工作电流1～5A	开路电压120V左右,工作电流1～32A
单面放电间隙	0.01～0.03mm	0.001～0.12mm
工作液	线切割乳化液或水基工作液	去离子水
工作液电阻率	0.5～50kΩ·cm	10～100kΩ·cm
导丝机构型式	导轮,寿命较短	导向器,寿命较长
机床价格	便宜	昂贵
切割速度	20～160mm²/min	20～350mm²/min
加工精度	±(0.02～0.005)mm	±(0.005～0.002)mm
表面粗糙度	Ra3.2～1.6	Ra1.6～0.1
重复定位精度	±0.01mm	±0.002mm
电极丝损耗	均布于全长,加工(3～10)×10⁴mm²,损耗0.01mm	不计
最大切割厚度	钢500mm,铜610mm	400mm
最小切缝宽度	0.04～0.09mm	0.0045～0.014mm

7.2 慢走丝线切割加工的程序举例

例 7-1 加工图 7-3 所示型腔。型腔厚 20mm，材料 Cr12 钢，线切割前需淬火。型腔表面粗糙度 $Ra1.6$，未注圆角均为 $R=0.5$。

7.2.1 工艺分析

该型腔形状虽简单，但精度较高，可采用先铣加工六面，然后钻穿丝孔，淬火后磨上下两面，进行线切割加工成型。考虑到精度高，用慢走丝分两次加工，第一次加工后单边留 0.5mm 余量。穿丝孔分别钻在两型腔的中心，孔径 $\phi0.5mm$。线切割时，可以采用桥式支撑方式装夹。

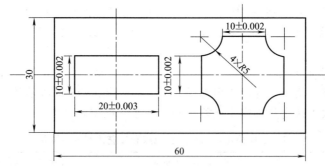

图 7-3　慢走丝加工举例

7.2.2 线切割参数确定

(1) 选择线切割电极丝材料与直径

电极丝选择黄铜丝，直径取 $\phi0.2mm$。

(2) 电规准的确定

电规准按表 7-2 确定。

表 7-2　电规准

电规准名称	电压/V	电流/A	脉冲宽度/μs	脉冲间隔/μs
第一次切割	85	20	50	200
第二次切割	75	3	10	60

(3) 电极偏移量的确定

考虑到第一次切割时，要单边留 0.5mm 的加工余量，放电间隙为 0.02mm，电极丝半径为 0.1mm，所以电极偏移量取 0.62mm，取过渡圆角半径为 $R1$。第二次切割时，放电间隙为 0.01mm，电极丝半径为 0.1mm，故电极偏移量为 0.11mm，远小于未注圆角，可以略去过渡圆角。电极补偿偏移两次都在型腔里边。

(4) 切割工作液

选择去离子水，电阻率约为 50kΩ·cm。第一次切割时，冲液压力选择为 4～12kgf/cm^2，冲液流量为 5～6L/min，第二次切割时，冲液压力选择为 0.2～0.8kgf/cm^2，冲液流量为 1～2L/min。

7.2.3 加工程序

（1）第一次切割程序

```
％
O0081；
N10 G90；
N12 G92 X0.000 Y0.000；
N13 T84；                          表示高压喷水加工
N14 G41 H01；                      G41 电极丝向左补偿，第一次切割为 H01
N15 T83；
N16 T80；
N17 G01 X-10.000，Y-4.000；
N18 G03 X-9.000 Y-5.000 I1.000 J0.000
N20 G01 X9.000；
N21 G03 X10.000 Y-4.000 I0.000 J1.000
N22 G01 Y4.000；
N23 G03 X9.000 Y5.000 I-1.000 J0.000
N24 G01 X-9.000；
N25 G03 X-10.000 Y4.000 I0.000 J-1.000
N26 G01 Y-4.000；
N28 G01 X0.000 Y0.000；
N30 M00；                          跳步开始前程序暂停，卸丝
N32 G00 X30.000；                  跳步程序
N34 M00；                          跳步结束后程序暂停，装丝
N36 G01 X34.084 Y-10.000；
N37 G03 X35.069 Y-9.167 I0.000 J1.000；
N40 G02 X39.166 Y-5.039 I4.931 J0.834；
N41 G03 X40.000 Y-4.084 I-0.166 J0.000；
N42 G01 Y4.084；
N41 G03 X39.166 Y-5.069 I-1.000 J0.000；
N44 G02 X35.069 Y9.166 I0.834 J4.931；
N46 G03 X34.084 Y10.000 I0.000 J-1.000；
N46 G01 X25.916；
N47 G03 X24.930 Y9.166 I0.000 J-1.000；
N48 GO2 X20.833 Y5.069 I-4.930 J0.834；
N49 G03 X20.000 Y4.084 I0.167 J-0.931；
N50 G01 Y-4.084；
N51 G03 X20.833 Y5.069 I1.000 J0.000；
N52 G02 X24.930 Y-9.166 I0.070 J-4.931；
N52 G03 X25.916 Y-10.000 I0.000 J1.000；
N53 G01 X35.000；
```

N54 G40 G01 X30.000 Y0.000；　　　　　G40 取消电极丝补偿

N56 T82；

N58 T81；

N60 M02；

%

(2)第二次切割程序

%

O0082

N10 G90；

N12 G92 X0.000 Y0.000；

N13 T84；　　　　　　　　　　　表示高压喷水加工

N14 G41 H02；　　　　　　　　　G41 电极丝向左补偿，第二次切割时，改为 H02

N15 T83；

N16 T80；

N17 G01 X−10.000,Y−4.000；

N18 G03 X−9.000 Y−5.000 I1.000 J0.000

N20 G01 X10.000；

N22 G01 Y5.000；

N24 G01 X−10.000；

N26 G01 Y−5.000；

N27 G01 X−5.000；

N28 G01 X0.000 Y0.000；

N30 M00；　　　　　　　　　　　跳步开始前程序暂停，卸丝

N32 G00 X30.000；　　　　　　　跳步程序

N34 M00；　　　　　　　　　　　跳步结束后程序暂停，装丝

N36 G01 X35.000 Y−10.000；

N40 G02 X40.000 Y−5.000 I5.000 J0.000；

N42 G01 Y5.000；

N44 G02 X35.Y10.00 I0.000 J5.000；

N46 G01 X25；

N48 GO2 X20.000 Y5.0 I−5.000 J0.000；

N50 G01 Y−5.000；

N52 G02 X25.000 Y−10.0000 I0.000 J−5.000；

N53 G01 X35.000；

N54 G40 G01 X30.000 Y0.000；　　　　　G40 取消电极丝补偿

N56 T82；

N58 T81；

N60 M02；

%

7.3 训练题

如图 7-4 所示的零件，用慢走丝电火花加工完成，零件厚 20mm，材料：45 钢。

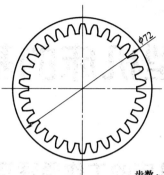

齿数：30
模数：2
压力角：20°

图 7-4　训练题图

电火花成型机床的基本操作

8.1 电火花成型机床的工作原理及其组成

8.1.1 电火花成型机床的工作原理

电火花成型机床是电火花加工机床的一种。电火花成型加工的基本原理如图 8-1 所示，工具电极 4 和工件 1 分别与脉冲电源 2 的两极相接，均浸在有一定绝缘度的工作液（通常用煤油或矿物油）中。

脉冲电压加到两极之间，在工具电极向工件电极运动中，将极间最近点的液体介质击穿，形成火花放电。由于放电通道截面积很小，放电通道中电流密度高达 $10^4 \sim 10^9 \, \mathrm{A/cm^2}$，放电点附近的温度高达 3000℃以上，通道中的瞬时高温使材料熔化和气化。单个脉冲能使工件表面形成微小凹坑，而无数个脉冲的积累将工件上的高点逐渐熔蚀。随着工具电极不断地向工件作进给运动，工具电极的形状便被复制在工件上，如图 8-2 所示。

加工过程中所产生的金属微粒，则被流动的工作液流带走。虽然，电极间放电烧蚀有方向性，但总能量的一小部分也释放到工具电极上形成一定的工具损耗。

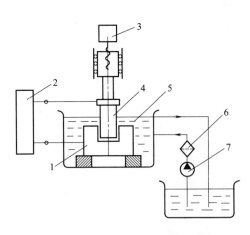

图 8-1 电火花成型机床工作原理图
1—工件；2—脉冲电源；3—自动进给调节系统；
4—工具电极；5—工作液；6—过滤器；7—油泵

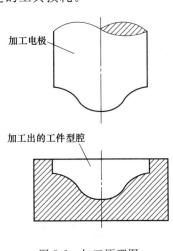

图 8-2 加工原理图

电火花成型加工的特点如下：

① 不受被加工材料的物理机械性能影响，可加工任何高强度、高硬度、高韧性、高熔点的难切削加工的导电材料。

② 加工时无机械切削力，工具电极不旋转，没有切削力与机械运动产生的加工影响，有利于小孔、窄槽、型孔、曲线孔及薄壁零件加工，也适合于精密细微加工。

③ 脉冲参数可无级调节，只要更换工具电极就可以在同一机床上进行粗、半精和精加工。

④ 切削效率低，通常低于切削加工，可先用切削加工方法进行粗加工，再用电火花加工。

8.1.2 电火花成型机床的组成

电火花成型机床相对较为简单，如图 8-3 所示。电火花成型机床由主机、脉冲电源、伺服系统等部分组成。

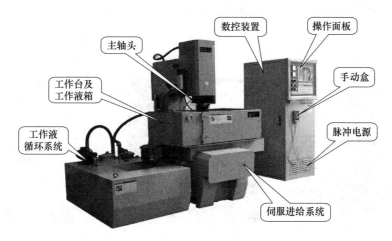

图 8-3 电火花成型机床

8.1.2.1 主机

机床主机主要包括床身、立柱、主轴头、工作台、工作液油箱和工作液过滤系统等部分组成。

(1) 床身和立柱

床身与立柱是电火花机床的骨架，是机床的基础部件，用以支撑机床的其他工作部件，用以保证工具电极与工作台和工件之间具有准确的相对位置，以确保加工零件上表面与工作台表面之间的相互位置精度。工作台安装在床身上，床身支撑着工作台纵横向运动。立柱固定在床身上，与床身的接合面有很强的接触刚度。立柱主要用于悬挂安装主轴箱，主轴箱在立柱上沿其导轨做上下运动，以弥补主轴行程不足，方便调整工具电极与工件之间的相对高度。立柱需要有足够的强度和刚性，在安装调试时，保证其运动轨迹与机床工作台面之间垂直关系是十分重要的。

(2) 主轴头

主轴头是用来装夹电极和完成预定运动的部件，是电火花成形加工机床的重要部件，它影响到生产率、产品的几何精度及表面粗糙度等加工工艺指标。在伺服机构的作用下，工具电极进给速度可自动控制与调整，以保持在整个成型加工过程中工具电极与工件之间的间隙

图 8-4 可调整主轴头电机夹头

准确恒定，确保加工能顺利进行，主轴头已广泛采用步进电机、交流伺服电机控制。图 8-4 是可调整主轴头电机夹头，主轴头有如下要求：

① 有一定的轴向和侧向刚度和精度；

② 有足够的进给和回升速度；

③ 主轴运动的直线性和防扭转性能好；

④ 灵敏度高，无爬行现象，能承载一定的电极质量。

(3) 工作台

工作台是由一组刚性很强的十字滑板组成的，通过精密丝杠副（丝杠螺距为 4mm）实现工作台纵横方向的移动。操作时，手摇纵横方向的手轮，从而带动丝杠转动，丝杠又拖动台面运动。其主要结构如图 8-5 所示。

滑枕

图 8-5 工作台及滑枕部件

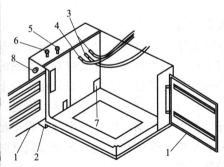

(a) 外形图   (b) 内部结构

图 8-6 侧开式工作液箱结构

1—防漏胶条；2—溢出回油槽；3—冲油管；4—抽油管；
5—泻油阀；6—液面控制阀；7—进油口；8—油压表

（4）工作液箱

工作液箱装在工作台上，如图8-6所示。为了保证加工过程安全进行，加工时，工作液面必须比工件上表面高出50mm左右，并随着加工电流的加大要高出的更多，保证放电气体的充分冷却，尤其是在大电流加工时要杜绝放电气体内带火星飞出油面。

（5）工作液过滤系统

如图8-7所示，电火花成型加工用的工作液循环过滤系统包括工作液泵、容器、过滤器及管道等，使工作液强迫循环。

冲油是把经过过滤的清洁工作液经液压泵加压，强迫冲入电极与工件之间的放电间隙里，将放电蚀除的电蚀产物随同工作液一起从放电间隙中排除，以达到稳定加工。在加工时，冲油的压力可根据不同工件和几何形状及加工的深度随时改变，一般压力选在0～200kPa之间。工作液过滤系统工作过程是：储油箱的工作液首先经过粗过滤器1、单向阀2吸入液压泵3，这时高压油经过不同形式的精过滤器7输向机床工作液槽，溢流安全阀5控制系统的压力不超过400kPa，快速进油控制阀10供快速进油用，待油注满油箱时，可及时调节冲油选择阀13，由压力调接阀9来控制工作液循环方式及压力，当冲油选择阀

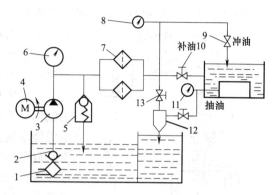

图 8-7　工作液循环过滤系统油路图

1—粗过滤器；2—单向阀；3—液压泵；4—电动机；
5—安全阀；6—压力表；7—精过滤器；8—冲油压力表；
9—压力调节阀；10—快速进油控制阀；11—抽油压力表；
12—射流抽吸管；13—冲油选择阀

13在冲油位置时，补油冲油都不通，这时油杯中油的压力由压力调接阀9控制。当冲油选择阀13在抽油位置时，补油和抽油两路都通，这时压力工作液穿过射流抽吸管12，利用流体速度产生负压，达到实现抽油的目的。

工作液循环过滤装置的过滤对象主要是金属粉屑和高温分解出来的炭黑，多数采用介质过滤器。

图 8-8　脉冲电源及伺服系统电控柜

8.1.2.2 脉冲电源

电火花成型加工用脉冲电源的原理及作用与电火花线切割相同，脉冲电源由脉冲发生器、推动级、功率输出级和整流部分等组成，脉冲电源的作用是把普通 220V 或 380V、50Hz 交流电转换成在一定频率范围，具有一定输出功率的单向脉冲电，提供电火花成型加工所需要的放电能量来蚀除金属，满足工件加工要求的设备装置。弛张式、闸流管式脉冲电源是较为常见的。图 8-8 为脉冲电源及伺服系统电控柜。

8.1.2.3 伺服系统

如图 8-9 所示，伺服系统由自动调节器和自适应控制装置组成。自动调节器及其执行机构用于电火花加工过程中维持一定的火花放电间隙，保证加工过程正常、稳定地进行。自适应控制装置主要对间隙状态变化的各种参数进行单参数或多参数的自适应调节，以实现最佳的加工状态。采用 PWM 脉宽调速的主轴伺服系统，配用直流伺服电机。工作过程为：脉冲电源能量输向工具电极和工件，形成放电间隙进行电加工，放电间隙的电压信号输送到信号检测环节，与给定电压进行比较，该给定电压决定了控制放电间隙电压的平衡点，即控制了放电间隙，使加工时高于或低于平衡点的信号变成随动信号输出。为此，信号再与可调节的速度负反馈信号综合，提高系统的刚性。主轴的手动控制信号则不通过检测和比较，直接加入放大和积分环节。然后信号进入脉宽调制器，转换成某频率的方波，调制器的固定方波源来自波形发生器，调制器产生的可变方波，经开关放大器放大后，输入直流电机电枢两端，通过改变平均电压的大小和极性可以改变电机 M 的转速和方向，同时带动测速机发出反馈信号，从而达到稳定的加工过程。

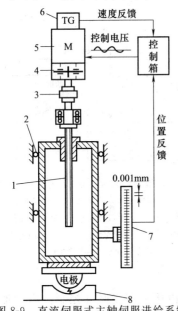

图 8-9　直流伺服式主轴伺服进给系统
1—滚珠丝杆；2—轴承；3—离合器；
4—碟形制动器；5—直流伺服电动机；
6—转速传感器；7—光栅；8—工件

8.1.2.4 电火花加工机床的主要技术参数

数控电火花成型机床主要技术参数包括尺寸及加工范围参数、电参数、精度参数等，其具体内容及作用详见表 8-1。

表 8-1　数控电火花成型机床的主要技术参数

类别	参数名称	参数对机床性能的影响
工作台参数	工作台面的长度、宽度	影响加工的尺寸范围，夹具设计及使用等
	工作台横向行程、纵向行程	
	最大承重量	
	T形槽数、槽宽、槽间距或吸盘磁力	
主轴头参数	伺服行程（工作台面至电极夹板距离）	影响加工深度和成形的尺寸范围
	最大电极重量	
	滑座行程	
运动参数	主轴伺服进给速度	影响加工效率
	工作台移动速度	

类别	参 数 名 称	参数对机床性能的影响
精度参数	工作台定位、重复定位精度	影响加工精度
	电极安装及调整精度	
	最大加工电流、电压	
	最小电极损耗	
	最小表面粗糙度值	

8.2 电火花成型机床的操作步骤

8.2.1 工件安装

8.2.1.1 工件在装夹中需要注意的问题

与普通切削加工不同，电火花成型加工没有显著的切削力，往往是单件生产，所以工件的装夹比较简单。电火花工件在装夹中需要注意如下几点。

① 工件的定位面要有较高的精度，一般用磨削加工过的面定位为好，棱边倒钝，孔口倒角。

② 工件装夹的位置应利于工件找正，并应与机床的行程相适应，夹紧螺钉高度要合适，避免干涉到加工过程。

③ 工件装夹的位置和高度要适当，以便于冲油管冲油。

④ 对工件的夹紧力要均匀，不得使工件变形和翘起。

⑤ 热处理件要充分回火去应力，平磨件要充分退磁。

8.2.1.2 常见的工件装夹方法

电火花加工常用压板、磁力吸盘、虎钳等将工件固定在机床工作台上。

（1）桥式压板

桥式压板是一种简单实用的装夹夹具，如图 8-10 所示。在固定工件时，垫块的高度应与工件的高度基本一致，确保夹紧力。

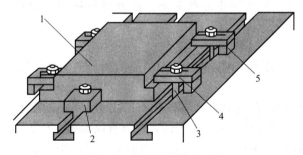

图 8-10 桥式压板装夹工件

1—工件；2—压板；3—螺杆；4—螺母；5—垫块

使用桥式压板装夹方式时应注意以下几点。

① 力求定位基准与设计、工艺、编程等基准统一。

② 尽量减少装夹次数，尽可能做到在一次装夹就能完成加工。

③ 避免采用占机人工调整装夹的方案。

④ 夹具要开敞，其定位、夹紧机构不能影响加工。

（2）磁力吸盘

电火花成型加工中常用的磁力吸盘为永磁吸盘，如图 8-11 所示。

图 8-11　永磁吸盘

永磁吸盘不需要供电即可使用，其操作简单，装夹方便。使用的方法是：将工件放置于吸盘上，用六角扳手插入开关孔内转到"ON"位置，即可吸住铁质工件，再转到"OFF"位置就可以松开工件。永磁吸盘是利用磁通的连续性原理及磁场的叠加原理设计的，吸盘的磁路设计成两个磁系：一个是固定的；另一个是活动的。六角扳手使吸盘内的活动永磁钢体移位，在"ON"位置，两个磁系的极性一致，磁场叠加，磁力线经过工件形成回路，产生强大的磁力吸住工件；在"OFF"位置，两个磁场相互抵消，磁力为零。

永磁吸盘的维护和保养应注意如下事项。

① 吸盘使用前应将表面擦干，以免将其划伤，影响精度。

② 使用环境温度达到 60℃ 以上时，磁力会明显减弱。

③ 严禁敲击吸盘，以防磁隙变大，吸磁力降低。

④ 使用完毕后，在磁盘工作面上涂防锈油，以防锈蚀。

（3）虎钳

当没有磁力吸盘时，机用虎钳也常用于电火花工件的装夹。虎钳的局限性在于，不适合装夹体积较大或易变形的工件。其使用方法与普通机加工装夹工件方法一致。

8.2.1.3　工件的校正

电火花成型加工前，对工件的校正，通常采用划线法、角尺比较法和打表法。

（1）划线法

将已经校正的电极作为工件定位的基准，在电极和工件上分别划出十字中心线，根据电极的位置调整工件位置，使十字中心线对齐。此方法只适用于定位精度要求不高的加工情况。

（2）角尺比较法

利用角尺对工件进行校正，一般使用于具有垂直侧面的工件，校正精度不高。

（3）打表法

将百分表磁力吸座吸附在主轴头上，调整好表架，用百分表触针接触被校正工件的基准面，移动工作台 X 或 Y 方向，读表敲击工件，使测量误差满足校正要求，如图 8-12 所示。

打表法校正电火花加工工件，是电火花成型加工中最常用方法，此操作方法简单方便，工件的校正定位精度较高。

8.2.2　电极的安装与位置调整

电极的安装是指将电极装夹于电火花机床的主轴头上，电极轴线平行于主轴头轴线，必要时使电极的横截面基准与机床纵横拖板平行，保证电极的横截面基准与机床的 X 轴或 Y 轴平行。

8.2.2.1 电极夹具

(1) 标准套筒夹具、钻夹头夹具、螺纹夹头夹具

当工具电极直径较小时，可采用标准套筒、钻夹头夹具间接地将工具电极装夹在主轴头下端，如图 8-13 和图 8-14 所示。当工具电极直径较大时，在工具电极上加工出内螺纹，电极与夹具通过螺纹连接，如图 8-15 所示，夹具连接杆装夹在主轴头下端。

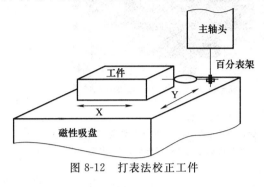

图 8-12　打表法校正工件

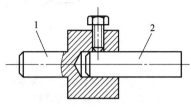

图 8-13　标准套筒夹具

1—标准套筒；2—工具电极

(2) 万向可调式夹具

万向可调式夹具是一种带水平转角和垂直调节装置的工具电极夹具，能使工具电极的轴线与主轴轴线重合或者平行，并能在水平范围转一定的角度。此类夹具的调节装置有十字铰链式和球面铰链式两种，调节方法大体相同。如图 8-16 所示为滚珠铰链调节式电极夹头，其夹锥柄座 8 固定在机床的主轴孔内，工具电极装夹在电极装夹套 3 内，装夹套 3 与锥柄座 8 之间由滚珠 9 连接。转动两个水平调节螺钉 1，可以使工具电极绕轴线作微量转动。工具电极的垂直度可用四个垂直调节螺钉 11 进行调整，垂直调节螺钉 11 下面是球面垫圈副，其最大调整范围可达到 ±10°。转动某个螺钉时需要稍微松开与之相对的另外一个螺钉，在百分表的配合下反复地逐个细调拧紧，直到工具电极垂直度达到要求为止。

图 8-17 所示为一种万向可调式工具电极夹头的实物图。

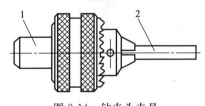

图 8-14　钻夹头夹具

1—钻夹头；2—工具电极

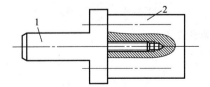

图 8-15　螺纹夹头夹具

1—连接杆；2—工具电极

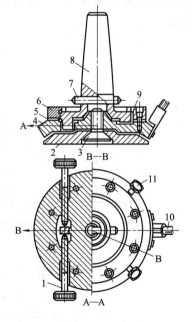

图 8-16　滚珠铰链调节式电极夹头

1—水平调节螺钉；2—摆动法兰盘；3—装夹套；
4—调角校正架；5—调整垫；6—上压板；7—销钉；
8—锥柄座；9—滚珠；10—电源线；11—垂直调节螺钉

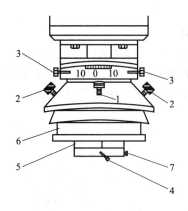

图 8-17　万向可调式工具电极夹头

1—前后水平调整螺钉及锁紧螺母；2—左右水平调整螺钉及锁紧螺母；3—电极旋转角度调整螺钉；

4—活动式电极夹头固定螺钉；5—电极夹头；6—电极夹头与机体之间的绝缘界面；7—电源进电正极

8.2.2.2　校正电极并调节主轴行程至合适位置

电极夹好后，必须进行校正才能加工。不仅要调节电极与工件基准面垂直，而且需在水平面内调节、转动一个角度，使工具电极的截面形状与将要加工的工件型孔或型腔一致。电极与工件基准面垂直常用球面铰链来实现，工具电极的截面形状与外形定位靠主轴与工具电极安装面相对转动机构来调节，垂直度与水平转角调节正确后，都应用螺钉夹紧。

竖直和水平转角调节装置的夹头电极装夹到主轴上后，必须进行校正，一般的校正方法如图 8-18 所示：

（1）根据电极的侧基准面，采用千分表找正电极的垂直度，如图 8-18（a）所示。

（2）电极上无侧面基准时，将电极上端面作辅助基准找正电极的垂直度，如图 8-18（b）所示。

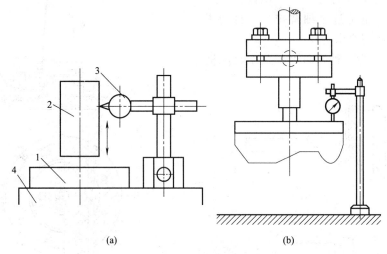

(a)　　　　　　　　　　　　　(b)

图 8-18　用千分表校正电极垂直度图

1—凹模；2—电极；3—千分表；4—工作台

8.2.3　编制电火花程序并输入系统

多数电火花成型加工机床的程序是通过设定操作的"半自动编程"，通过设定电参数后，机床系统自动生成加工的程序。目前,电火花成型机床的程序 G 代码差别大,因此操作前需要搞清楚操作机床 G 代码的含义。下面以阿奇电火花机床的编程操作来说明电火花机床的编程过程。

为了加工当前的加工件,必须通过描述告诉机床所有项目数据。操作步骤如下:

① 点击下一页功能键 3 次,直到出现"创建加工"页面,如图 8-19 所示。

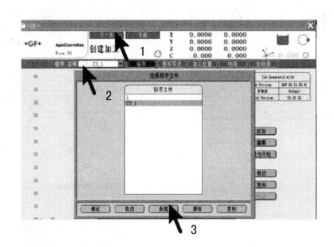

图 8-19　进入创建加工界面

② 在页面标题栏中,选择"程序名称"栏。

③ 在"选择程序文件"对话框中,按下功能键"新建",进入"创建程序文件"对话框,如图 8-20 所示。

④ 用鼠标选择字母数字键盘上的键输入程序名称,如"0＿Basic＿Prog",此时,一个名为"0＿Basic＿Prog"的新程序名被创建,但它不包含加工的任何有用数据。

⑤ 点击"下一步"继续进行程序描述。

⑥ "你想创建相对零点吗?",选择"要"。如图 8-21 所示。

⑦ 选择"下一步"继续进行描述。

⑧ 用鼠标选择字母数字键盘上的键"输入相对零点名称",如"1",如图 8-22 所示。

⑨ 选择"下一步"继续。输入相对零点位置,也就是工件定位于安装平面(工作台)的哪个位置。

⑩ 对于基础程序,建议从一个预定义的参照选择工件的位置,例如"R1"(用鼠标点击相对于栏侧的滚动按钮),如图 8-23 所示。

⑪ 定义移动通道,为工件上方沿 Z 轴 50mm 处,以避免运动过程中电极和工件之间发生碰。

图 8-20　创建程序文件

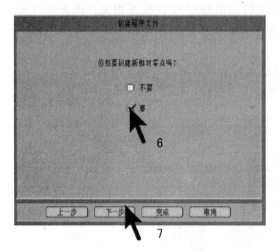

图 8-21　创建新的相对零点

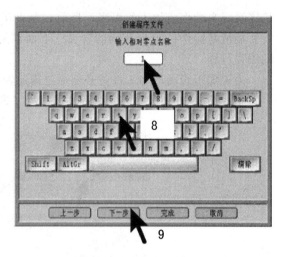

图 8-22　输入相对零点名称

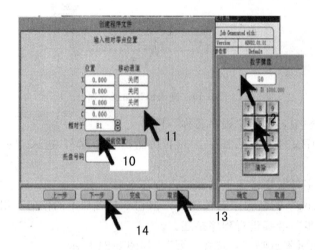

图 8-23　输入相对零点位置

⑫ 对于基础程序，可以从预先设定的参考点，例如 R1 选择工件的位置（用鼠标激活旋转按钮）。

⑬ 选择"确认"。选择"下一步"继续。

如果要对工件相对零点位置进行修正，可以进入"创建相对零点"页面，进行修正。如不需要进行修正，选择无修正。选择"下一步"继续。如图 8-24 所示。

⑭ 对于问题"你想要创建更多的相对零点吗？"，回答不要。继续选择"下一步"。在"创建程序文件"页面，对于问题"你想要创建加工位置吗？"回答"要"如图 8-25 所示。选择"下一步"继

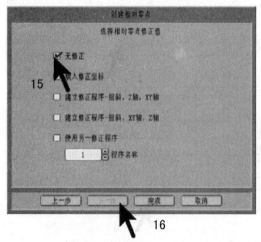

图 8-24　创建相对零点修正页

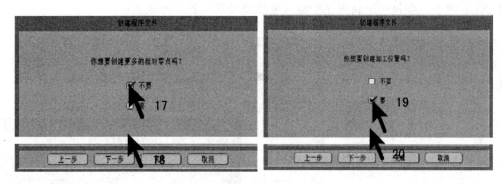

图 8-25 创建程序文件页面

续，输入已创建的相对零点。

⑮ 用鼠标选择字母数字键盘上的键输入工作点名称，1。如图 8-26 所示。选择下一步继续。

⑯ 对于问题"你想要创建更多加工位置吗？"，"不要"。下一步，继续。

定义这个点后，可以通过 AEP 编写加工序列，即执行加工的一系列信息（型腔深度，运动轨迹类型，选择脉冲数据，电极等）。

⑰ "你想要创建放电加工吗？"，回答"要"，如图 8-27 所示。进入电加工参数设置页面。

图 8-26 选择相对零点

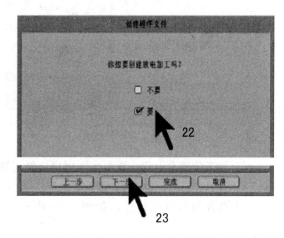

图 8-27 选择创建电加工参数页面

⑱ 选择工艺数据，选择输入栏 Z，输入 -0.01。对于基础程序，必须输入一个最小值，否则，不可能完成程序的设置。"确认"。如图 8-28 所示。

⑲ 平动轨迹页。在该页中选择运动轨迹类型，运动轨迹起始角和退回策略。如图 8-29 所示。电火花加工的运动类型主要有圆形平动、螺旋平动、二维矢量、三维矢量、球形平动等。

⑳ 应用类型页。如图 8-30 所示，该页有深度、底面面积、长/宽、斜度等参数。在底面面积栏输入 0.25（cm^2），对于基础程序，必须输入一个最小值，否则，不可能完成 AEP。选择"确定"确认完成底面面积的设定。

㉑ 脉冲参数页。如图 8-31 所示。选择并输入基础程序的需要值：材料，例如紫铜-钢，数据库，例如缺省 Default，VDI Finish，例如 VDI 50。在该页面中，也可以修改工艺参数

或 M/2Gap 因子。在每一个新程序中输入电极序号及其各自的减寸量。

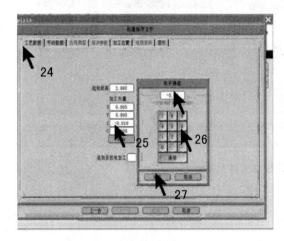

图 8-28　工艺数据页

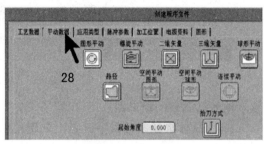

图 8-29　平动数据页

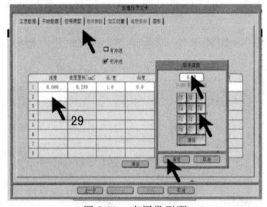

图 8-30　应用类型页

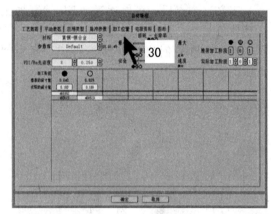

图 8-31　脉冲参数页

㉒ 加工位置页设置。该页允许用户选择对哪个工件和哪个工作点进行加工。此外，有 3 种加工策略，只能选择其中的 1 种策略。在加工位置页面中，选择工件和加工点，如图 8-32 所示。

㉓ 电极资料页面设置。如图 8-33 所示。选择每电极最多加工型腔数，如选择粗加工。

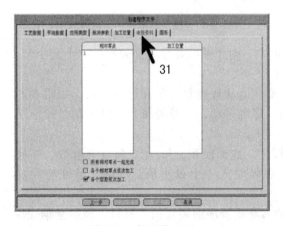

图 8-32　加工位置页

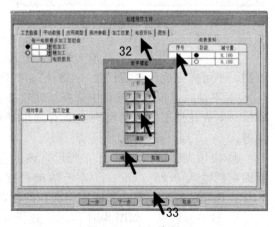

图 8-33　电极资料页

用鼠标选择数字小键盘上的单个键输入电极序号；在执行自动更换电极时，这个序号也跟电极更换位置关联。

㉔ 选择完成保存自动加工程序，自动加工程序就创建了。如果是第一个程序，也可作为基础程序，以后对相关参数进行修改，就可以成为新的加工程序。

㉕ 最后，当定义完所有选项，在按确定或完成保存自动加工序列之前，可以在图形页面一侧执行图标控制。如果已经按完成按钮保存自动加工序列退出，在程序步最后通过双击"自动"段来打开执行图标控制，可以选择工作区域的前视（主视图）或俯视视角，如图8-34所示。▣图标选择主视图（前视图），▣图标选择俯视图，▣图标禁用工作区域图形表示以便能能观察到用图形表示的工作点和电极。通过移动图形表示区的指针，在工作区图形表示周围会有轨道显示。（a）通过选取围绕工作取图形表示的轨道，可以对其进行三位旋转查看（绕 A，B 和 C）。（b）按住鼠标左键可以使图形表示在窗口内四处移动。（c）按住鼠标左键可以放大或缩小图形表示，向上方运动为放大，向底部运动为缩小。

▶图标打开图形控制以逐步检查加工步骤，❚❚图标暂停图标控制，例如检查坐标值。恢复控制，点击图标，▬▬调整器定义图形控制的加工速度，向左移动（降低速度），向右移动（提高速度），▪图标为停止并推出图形控制。▣图标为在图形控制中禁止或激活脉冲序列、工作点和电极的图形表示。

自动加工编程提供一种由系统自动创建加工序列的方法，创建序列基于的电极、工件、工作点（加工）和应用程序的相关信息

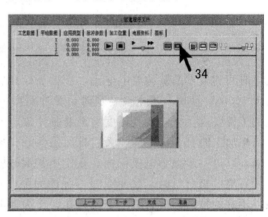

图 8-34 图形页

是通过用户插入一系列数据页的方法实现的。在自动加工编程的相关页面输入加工型腔的数据。若主题标签用红色字体显示，则表明这些主题标签相关的页面信息需要编辑，若该程序是由基本程序的复制而来（例如 0 _ Basic _ Prog），则所有页面标签的字体颜色都为黑色。编程前，依据加工要求，依次填写或修改参数。

注意以下几个问题：

① 在粗加工中，使用台阶或锥度电极加工深度不同，加工表面积也不同。在这些情况下，用两个或更多的粗加工脉冲来提高型腔加工质量是有帮助的（电极的小面积损耗是由于小表面上的电流过载所致）。

② 底面面积的计算。这里的底面面积，通常按电极投影在加工物上的电极影子来计算，加工部位不同，底面积也不同，如图 8-35 所示。对于锥形电极，加工的深度不同，则底面积就不同，如图 8-36 所示。

8.2.4 调整加工参数

8.2.4.1 工艺选择的一般规律

(1) 粗加工

粗加工的工艺目的是在保证低损耗的情况下，实现较高的加工速度。应采用较长的脉冲

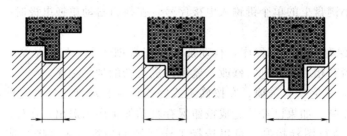

图 8-35　带台阶的电极底面积

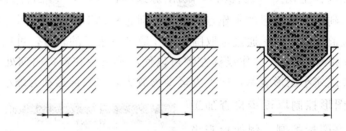

图 8-36　带大锥度的电极底面积

放电时间和较大的脉冲放电电流，进行负极性加工。在使用紫铜电极材料时，脉冲宽度一般大于 $600\mu s$，使用石墨电极材料时，脉冲宽度一般大于 $300\mu s$，根据不同的尺寸、不同的形状的工件要求，可以较大幅度地选择脉冲放电电流。加工电流要在十几安培至几十安培。

　　粗加工时具有放电间隙大、排屑条件好、加工稳定的特点，这样有利于使用较小的脉冲间隔，以进一步减小电极损耗。在使用紫铜电极时，脉冲宽度与脉冲间隔比可以达到 10∶1，使用石墨电极材料时，脉冲宽度与脉冲间隔比一般大于 3∶1。对于大面积加工，并且排屑条件不好的情形，应打若干个排气孔，作为辅助排气排屑措施。

　　（2）中加工

　　电火花型腔加工的中加工阶段，是为粗加工到精加工的过渡。这一阶段一定要逐步减小粗加工造成的粗糙的工件表面。由于工件形状千差万变，中加工使用的规准也多种多样。同一规准在小型腔加工可能作为粗加工规准，在大型腔加工时却作为中加工规准。一般的要求是：

　　① 脉冲宽度，紫铜电极脉冲宽度应从 $400\mu s$ 到 $30\mu s$ 逐步减小。

　　② 脉冲间隔要随着脉冲宽度的减小而减小，但是当脉冲宽度小于 $200\mu s$ 时，脉冲宽度与脉冲间隔比应适当增大。

　　③ 加工电流的选择应与脉冲宽度选择配合进行，当脉冲宽度减小到一定值时，由于加工能量的减小，放电间隙也随之减小，排屑条件逐步恶劣，脉冲电流应保持在一定数值，以保证加工的稳定进行。这是与加工的面积与形状密切相关的，实际加工时应特别注意。

　　由于实际加工的面积、形状、排削条件各种各样，中加工的工艺规准很难一概而论。所以，中加工阶段要做到勤换规准、勤调整，为工件的精加工打下良好的基础。

　　（3）精加工

　　精加工是整个工件加工的最终阶段，它将实现加工的最终尺寸和表面粗糙度。精加工的特点是去除量很小，一般不超过 0.1mm；脉冲宽度小，一般为几到十几微秒；脉冲电流较小，小于 10A，小面积时小于 1A；脉冲间隔大，在脉宽 $10\mu s$ 以下时，脉宽与间隔比值为 1∶0.5 到 1∶5。因为加工能量较小，所以精加工要力求加工的稳定性，避免积炭，由于加工余量很小，可以忽视电极损耗。

8.2.4.2 参数组的选择

不同厂商的电火花成形机使用的参数组表达方式是不同的，在选择参数时要认真阅读说明书，仔细对比参数表。表 8-2～表 8-8，是阿奇公司的电加工参数，表 8-9～表 8-11 是迪蒙卡特公司的电加工参数。

表 8-2　铜打钢——精加工参数表

条件号	面积/cm²	安全间隙/mm	放电间隙/mm	加工速度/(mm³/min)	损耗/%	侧面Ra	底面Ra	极性	电容	高压管	管数	脉冲间隙	脉冲宽度	模式	损耗类型	伺服基准	伺服速度	极限值		
																		损耗类型	脉冲间隙	伺服基准
100		0	0.005					—	0	0	3	2	2	8	0	85	8			
101		0.04	0.025			0.56	0.7	+	0	0	2	6	9	8	0	80	8			
103		0.06	0.045			0.8	1.0	+	0	0	3	7	11	8	0	80	8			
104		0.08	0.05			1.2	1.5	+	0	0	4	8	12	8	0	80	8			
105		0.11	0.065			1.5	1.9	+	0	0	5	9	13	8	0	75	8			
106		0.12	0.070	1.2		2.0	2.6	+	0	0	6	10	14	8	0	75	10	0	6	55
107		0.19	0.15	3.0		3.04	3.8	+	0	0	7	12	16	8	0	75	10	0	6	55
108	1	0.28	0.19	10	0.10	3.92	5.0	+	0	0	8	13	17	8	0	75	10	0	6	55
109	2	0.40	0.25	15	0.05	5.44	6.8	+	0	0	9	13	18	8	0	75	12	0	6	52
110	3	0.58	0.32	22	0.05	6.32	7.9	+	0	0	10	14	19	8	0	70	12	0	8	52
111	4	0.70	0.37			6.8	8.5	+	0	0	11	16	20	8	0	65	15	0	8	48
112	6	0.83	0.47	70	0.05	9.68	12.1	+	0	0	12	16	21	8	0	65	15	0	8	48
113	8	1.22	0.60	90	0.05	11.2	14.0	+	0	0	13	16	24	8	0	65	15	0	10	50
114	12	1.55	0.83	110	0.05	12.4	15.5	+	0	0	14	16	25	8	0	58	15	0	12	50
115	20	1.65	0.89	205	0.05	13.4	16.7	+	0	0	15	17	26	8	0	58	15	0	13	50

表 8-3　铜打钢——中加工参数表

条件号	面积/cm²	安全间隙/mm	放电间隙/mm	加工速度/(mm³/min)	损耗/%	侧面Ra	底面Ra	极性	电容	高压管	管数	脉冲间隙	脉冲宽度	模式	损耗类型	伺服基准	伺服速度	极限值	
																		脉冲间隙	伺服基准
121		0.045	0.040			1.1	1.2	+	0	0	2	4	8	8	0	80	8		
123		0.070	0.045			1.3	1.4	+	0	0	3	4	8	8	0	80	8		
124		0.10	0.050			1.6	1.6	+	0	0	4	6	10	8	0	80	8		
125		0.12	0.055			1.9	1.9	+	0	0	5	6	10	8	0	75	8		
126		0.14	0.060			2.0	2.6	+	0	0	6	7	11	8	0	75	10		
127		0.22	0.11	4.0		2.8	3.5	+	0	0	7	8	12	8	0	75	10		
128	1	0.28	0.165	12.0	0.40	3.7	5.8	+	0	0	8	11	15	8	0	75	10	5	52
129	2	0.38	0.22	17.0	0.25	4.4	7.4	+	0	0	9	13	17	8	0	75	12	6	52
130	3	0.46	0.24	26.0	0.25	5.8	9.8	+	0	0	10	13	18	8	0	70	12	6	50
131	4	0.61	0.31	46.0	0.25	7.0	10.2	+	0	0	11	13	18	8	0	70	12	5	48
132	6	0.72	0.36	77.0	0.25	8.2	12	+	0	0	12	14	19	8	0	65	15	5	48
133	8	1.00	0.53	126.0	0.15	12.2	15.2	+	0	0	13	14	22	8	0	65	15	5	45
134	12	1.06	0.544	166.0	0.15	13.4	16.7	+	0	0	14	14	23	8	0	58	15	7	45
135	20	1.581	0.84	261.0	0.15	15.0	18.0	+	0	0	15	16	25	8	0	58	15	8	45

表 8-4　铜打钢——精加工参数表

条件号	面积/cm²	安全间隙/mm	放电间隙/mm	加工速度/(mm³/min)	损耗/%	侧面 Ra	底面 Ra	极性	电容	高压管	管数	脉冲间隙	脉冲宽度	模式	损耗类型	伺服基准	伺服速度	极限值 脉冲间隙	极限值 伺服基准
141		0.046	0.04			1.0	1.2	+	0	0	2	6	9	8	0	80	8		
142		0.090	0.055			1.1	1.4	+	0	0	3	7	11	8	0	80	8		
143		0.11	0.06			1.2	1.6	+	0	0	4	8	12	8	0	80	8		
144		0.13	0.065			1.7	2.1	+	0	0	5	9	13	8	0	78	8		
145		0.15	0.07			2.1	2.6	+	0	0	6	10	14	8	0	75	10		
146		0.18	0.08			2.7	3.7	+	0	0	7	4	8	8	0	75	10		
147		0.23	0.122	10.0	5.0	3.2	4.8	+	0	0	8	6	11	8	0	75	10		
148	1	0.29	0.145	15.0	2.5	3.4	5.4	+	0	0	9	7	12	8	0	75	12		
149	2	0.346	0.19	19.0	1.8	4.2	6.2	+	0	0	9	8	13	8	0	75	12	6	45
150	3	0.43	0.22	30.0	1.0	4.6	8.0	+	0	0	10	10	15	8	0	70	15	5	45
151	4	0.61	0.3	45.0	0.9	6.0	9.2	+	0	0	11	11	16	8	0	70	15	5	45
152	6	0.71	0.35	76.0	0.8	8.0	12.2	+	0	0	12	11	17	8	0	65	15	5	45
153	8	0.97	0.457	145.0	0.4	11.8	14.2	+	0	0	13	12	20	8	0	65	15	7	48
154	12	1.22	0.59	220.0	0.4	13.9	17.2	+	0	0	14	12	21	8	0	58	48		

表 8-5　普通石墨打钢——精加工参数表

条件号	面积/cm²	安全间隙/mm	放电间隙/mm	加工速度/(mm³/min)	损耗/%	侧面 Ra	底面 Ra	极性	电容	高压管数	管数	脉冲间隙	脉冲宽度	伺服基准	伺服速度	极限值 脉冲间隙	极限值 伺服基准
260		0.218	0.140	3.80	0.1	3.6	5.0	+	0	0	7	16	15	75	10	6	50
261	1	0.310	0.184	8.10	0.1	4.2	5.1	+	0	0	8	16	16	75	12	6	50
262	2	0.355	0.201	16.20	0.1	5.2	7.2	+	0	0	9	17	17	70	12	8	50
263	3	0.524	0.261	19.70	0.1	8.6	9	+	0	0	10	17	18	70	12	8	55
264	4	0.584	0.283	28.20	0.1	10.2	13.2	+	0	0	11	17	19	70	12	12	53
265	6	0.644	0.364	53.40	0.1	13.5	18.9	+	0	0	12	18	20	65	15	12	50
266	8	0.726	0.364	107.6	0.5	15.4	19.4	+	0	0	13	17	20	65	15	13	45
267	12	0.958	0.402	186.1	0.5	17.8	19.8	+	0	0	14	17	20	65	15	12	42
268	20	0.906	0.458	220.0	0.5	19.2	20.2	+	0	0	15	18	21	60	15	12	46

表 8-6　普通石墨打钢——中加工参数表

条件号	面积/cm²	安全间隙/mm	放电间隙/mm	加工速度/(mm³/min)	损耗/%	侧面 Ra	底面 Ra	极性	电容	高压管数	管数	脉冲间隙	脉冲宽度	伺服基准	伺服速度	极限值 脉冲间隙	极限值 伺服基准
270		0.169	0.121	3.9	0.5	3.80	4.7	+	0	0	7	14	14	75	10	8	50
271	1	0.232	0.157	9.8	0.5	4.00	5.2	+	0	0	8	14	15	70	12	8	50
272	2	0.277	0.181	19.8	0.5	5.80	7.0	+	0	0	9	15	15	70	12	8	50

条件号	面积/cm²	安全间隙/mm	放电间隙/mm	加工速度/(mm³/min)	损耗/%	侧面Ra	底面Ra	极性	电容	高压管数	管数	脉冲间隙	脉冲宽度	伺服基准	伺服速度	极限值 脉冲间隙	极限值 伺服基准
273	3	0.446	0.258	20.5	0.5	9.0	10.0	+	0	0	10	16	17	70	12	10	50
274	4	0.549	0.303	38.4	0.5	10.2	12.0	+	0	0	11	16	18	70	12	10	50
275	6	0.656	0.332	64.6	0.5	14.8	17.4	+	0	0	12	17	19	65	15	10	50
276	8	0.725	0.361	106.8	0.7	15.7	18.5	+	0	0	13	16	19	65	15	10	50
277	12	0.85	0.396	150.38	0.8	16.5	19.4	+	0	0	14	16	19	65	15	12	50

表 8-7　普通石墨打钢——粗加工参数表

条件号	面积/cm²	安全间隙/mm	放电间隙/mm	加工速度/(mm³/min)	损耗/%	侧面Ra	底面Ra	极性	电容	高压管数	管数	脉冲间隙	脉冲宽度	伺服基准	伺服速度	极限值 脉冲间隙	极限值 伺服基准
280		0.209	0.123	16.0	10	4.3	5.6	+	0	0	8	14	14	75	10	8	50
281	1	0.261	0.157	16.1	10	4.6	6.0	+	0	0	9	14	15	70	12	8	50
282	2	0.324	0.182	26.0	10	5.2	7.6	+	0	0	10	14	15	70	12	8	55
283	3	0.368	0.202	38.3	8.0	8.9	9.2	+	0	0	11	14	15	70	12	9	55
284	4	0.438	0.237	67.9	5.8	11.5	11.9	+	0	0	12	14	15	65	15	9	48
285	6	0.555	0.284	102.4	4.8	13.5	13.9	+	0	0	13	14	16	65	15	10	50
286	8	0.664	0.324	146	4.2	16.8	17.8	+	0	0	14	14	17	65	15	10	40
287	12	0.756	0.346	211	3.4	18.4	19.2	+	0	0	15	14	17	60	15	11	48

表 8-8　铜打硬质合金——中加工参数表（仅供参考）

条件号	面积/cm²	安全间隙/mm	放电间隙/mm	加工速度/(mm³/min)	损耗/%	侧面Ra	底面Ra	极性	电容	高压管数	管数	脉冲间隙	脉冲宽度	伺服基准	伺服速度	极限值 脉冲间隙	极限值 伺服基准
421		0.014	0.010			0.28	0.35	−	0	0	2	5	0	80	8	4	68
422		0.016	0.010			0.35	0.44	−	0	0	3	5	0	80	8	4	68
423		0.018	0.010			0.40	0.50	−	0	0	5	5	0	80		3	60
424		0.022	0.015			0.44	0.53	−	0	0	6	5	0	75	8		60
425		0.025	0.015			0.56	0.70	−	0	0	6	5	1	75	8	4	60
426		0.036	0.020			0.72	0.90	−	0	0	7	7	1	70	10	5	55
427		0.047	0.025			0.88	1.10	−	0	0	7	7	3	70	10	5	55
428		0.055	0.025	3.5	53	1.04	1.30	−	6	0	8	7	2	70	10	5	52
429		0.080	0.030	4.5	57	1.12	1.40	−	10	0	9	7	2	65	10	5	52
430	0.5	0.095	0.035	6.0	55	1.28	1.60	−	10	0	10	8	2	65	12	6	52
431	0.75	0.105	0.040	10.5	62	1.41	1.75	−	14	0	12	8	5	65	12	7	60
432	1.0	0.11	0.050	15	60	1.52	1.90	−	16	0	13	9	5	60	12	7	52

表 8-9　铜打刚——粗加工参数表

组号	ON	OFF	间隔微调	IP	HP	SV	DN	UP	C
20	017	10	2	7	1	6	6	1	2
21	017	10	2	9	1	6	6	1	2
22	018	11	2	9	1	6	6	1	2
23	018	11	2	12	1	6	6	1	2
24	018	11	2	15	1	6	6	1	2
25	018	11	2	21	1	5	6	1	2
26	018	11	2	40	1	5	6	1	2
27	019	15	2	50	1	5	6	1	2
28	020	15	2	55	0	4	6	1	2
29	021	21	2	63.5	0	4	6	1	2

注：ON—脉宽，OFF—间隔，IP—峰值电流，HP—高压控制，SV—伺服基准，DN—放电时间，UP—上升距离，C—电容。下同。

表 8-10　铜打钢——中加工参数表

组号	ON	OFF	间隔微调	IP	HP	SV	DN	UP	C
10	006	00	0	1	1	05	6	1	0
11	007	07	0	1	1	05	6	1	0
12	007	07	0	2	1	05	6	1	0
13	009	09	1	3	1	04	6	1	0
14	032	09	1	4	1	04	6	1	0
15	010	09	2	5	1	04	6	1	0
16	011	09	2	7	1	04	6	1	0
17	014	09	2	10	1	03	6	1	0
18	015	09	2	15	1	03	6	1	0
19	017	10	2	23	1	03	6	1	0

表 8-11　铜打钢——精加工参数表

组号	ON	OFF	间隔微调	IP	HP	SV	DN	UP	C
00	101	03	2	0	2	8	5	2	0
01	102	01	2	0.5	1	8	5	2	0
02	104	03	2	1	1	8	5	2	0
03	106	05	2	1.5	1	8	5	2	0
04	107	06	1	1.5	1	7	5	2	0
05	108	11	1	2	1	7	5	2	0
06	109	06	1	2.5	1	6	5	1	0
07	009	09	1	3	1	5	5	1	0
08	032	09	1	3.5	1	4	6	1	0
09	032	05	1	3.5	1	4	6	1	0

8.3 电火花加工工艺规范

8.3.1 电火花加工规范的常用术语

(1) 工具电极

电火花加工用的工具是电火花放电时的电极之一，故称为工具电极，有时简称电极。电极常用的材料有紫铜、黄铜、石墨、铜钨合金、钢等。

(2) 放电间隙

放电间隙是加工时工具电极和工件间的距离，它的大小一般在 0.01～0.5mm 之间，粗加工时间隙较大，精加工时则较小。

(3) 脉冲宽度 $t_i(\mu s)$

脉冲宽度简称脉宽（也常用 ON、TON 等符号表示），是加到电极和工件上放电间隙两端的电压脉冲的持续时间。一般来说，粗加工时可用较大的脉宽，精加工时只能用较小的脉宽。

(4) 脉冲间隔 $t_o(\mu s)$

脉冲间隔简称脉间或间隔（也常用 OFF、TOFF 表示），它是两个电压脉冲之间的间隔时间。间隔时间过短，放电间隙来不及消电离和恢复绝缘，容易产生电弧放电，烧伤电极和工件；脉间选得过长，将降低加工生产率。加工面积、加工深度较大时，脉间也应稍大。

(5) 放电时间（电流脉宽）$t_e(\mu s)$

放电时间是工作液介质击穿后放电间隙中流过放电电流的时间，即电流脉宽，它比电压脉宽稍小，二者相差一个击穿延时 t_d。t_i 和 t_e 对电火花加工的生产率、表面粗糙度和电极损耗有很大影响，但实际起作用的是电流脉宽 t_e。

(6) 击穿延时 $t_d(\mu s)$

从间隙两端加上脉冲电压后，一般均要经过一小段延续时间 t_d，工作液介质才能被击穿放电，这一小段时间 t_d 称为击穿延时。击穿延时 t_d 与平均放电间隙的大小有关，工具电极进给速度不足时，平均放电间隙变大，平均击穿延时 t_d 就大；反之，工具电极进给速度过快时，放电间隙变小，t_d 也就小。

(7) 脉冲周期 $t_p(\mu s)$

一个电压脉冲开始到下一个电压脉冲开始之间的时间称为脉冲周期，$t_p=t_i+t_o$。

(8) 脉冲频率 $f_p(Hz)$

脉冲频率是指单位时间内电源发出的脉冲个数，它与脉冲周期 t_p 互为倒数。

(9) 有效脉冲频率 $f_e(Hz)$

有效脉冲频率是单位时间内在放电间隙上发生有效放电的次数，又称工作脉冲频率。

(10) 脉冲利用率 λ

脉冲利用率 λ 是有效脉冲频率 f_e 与脉冲频率 f_p 之比，又称频率比，即单位时间内有效火花脉冲个数与该单位时间内的总脉冲个数之比。

(11) 脉宽系数 τ

脉宽系数是脉冲宽度 t_i 与脉冲周期 t_p 之比。

(12) 占空比 ψ

占空比是脉冲宽度 t_i 与脉冲间隔 t_o 之比，$\psi=t_i/t_o$。粗加工时占空比一般较大，精加工时占空比应较小，否则放电间隙来不及消电离恢复绝缘，容易引起电弧放电。

(13) 开路电压或峰值电压(V)

开路电压是间隙开路和间隙击穿之前 t_d 时间内电极间的最高电压。一般晶体管方波脉冲电源的峰值电压=60～80V，高低压复合脉冲电源的高压峰值电压为175～300V。峰值电压高时，放电间隙大，生产率高，但成形复制精度较差。

(14) 火花维持电压

火花维持电压是每次火花击穿后，在放电间隙上火花放电时的电压，一般在25V左右，但它实际是一个高频振荡的电压。

(15) 加工电压或间隙平均电压 U(V)

加工电压或间隙平均电压是指加工时电压表上指示的放电间隙两端的平均电压，它是多个开路电压、火花放电维持电压、短路和脉冲间隔等电压的平均值。

(16) 加工电流 I(A)

加工电流是加工时电流表上指示的流过放电间隙的平均电流。精加工时小，粗加工时大，间隙大时小，间隙合理或偏短路时则大。

(17) 短路电流 I_s(A)

短路电流是放电间隙短路时电流表上指示的平均电流。它比正常加工时的平均电流要大20%～40%。

(18) 峰值电流(A)

峰值电流是间隙火花放电时脉冲电流的最大值（瞬时）。它是影响加工速度、表面质量等的重要参数。在设计制造脉冲电源时，每一功率放大管的峰值电流时预先计算好的，选择峰值电流实际是选择几个功率管进行加工。

(19) 短路峰值电流(A)

短路峰值电流是间隙短路时脉冲电流的最大值，它比峰值电流要大20%～40%，与短路电流 I_s 相差一个脉宽系数的倍数。

8.3.2 影响加工速度的参数

(1) 脉冲放电宽度的影响

脉冲放电宽度对加工速度的影响并不是线性的。一般来说，脉冲电流在40A以下、脉冲宽度大于 $100\mu s$ 时随着脉冲宽度的增加加工速度有降低的趋势；脉冲电流大于40A时，加工速度基本上随着脉冲宽度的增加而增加。

(2) 脉冲间隔的影响

从单个脉冲周期的放电能量角度来讲，脉冲间隔越小加工速度越高。一般脉冲宽度与脉冲间隔之比在3:1到10:1之间，但当脉冲宽度在 $30\mu s$ 以下时，此比值需要减小，甚至达到一比几。

(3) 脉冲放电电流和电流密度的影响

增加脉冲放电电流和增加脉冲放电宽度一样，都是增加脉冲放电能量。加大脉冲放电电流，在一定范围内可以提高放电加工速度，但是当脉冲放电电流超过某临界值时，加工速度不会随之增加，还有可能有下降的趋势。这是因为，电火花加工的平均电流密度要在一合理的范围内。当电流密度过大时，会造成排屑条件恶化，甚至由于能量的过分集中，产生的气体过多，排斥了液体介质，形成了气体介质放电，造成加工不稳定和降低加工速度的原因。

不同的工件材料和不同的电极材料，加工电流平均密度的范围是不同的。表8-12是几种常用电极材料的加工电流密度推荐值。

表 8-12 常用电极材料的加工电流密度推荐值

电极材料	工件材料	合理加工电流密度/(A/cm²)
紫铜	钢	15～25
紫铜	硬质合金	15～25
石墨	钢	10～15
铜钨合金	钢	10～15
铜钨合金	硬质合金	15～25

(4) 电极材料与极性的影响

采用不同的电极材料与极性，加工速度也是不同的。一般脉冲放电时间大于 $20～30\mu s$ 时，工件采用负极性。反之，采用正极性。如中脉宽段，正极性加工，石墨电极的加工速度优于铜电极，宽脉冲和窄脉冲段，则铜电极加工速度优于石墨。

(5) 排屑条件的影响

在电火花成型加工过程中，不断产生气体、金属末屑和炭黑等，如不及时排除，加工则很难稳定进行，导致加工速度降低。为了改善排屑条件，可以采用冲、抽油和工具电极抬刀的方法。

① 冲、抽油。

对于较深的型腔和蚀除量较大的加工，排屑条件都不太好，很容易产生炭黑或蚀除物的堆积，影响加工的稳定。对于这种情形自然排屑条件很差，一定要靠冲油强制排屑，获得较高的加工速度。排屑效果随冲油压力增大而增大。但是当冲油压力达到一定高度时，由于放电间隙中液体流速过快，有可能破坏放电通道的形成，导致加工稳定性降低，影响加工速度。

② 抬刀。

虽然冲油可以改善排屑条件，但有些情况仅靠冲油不一定理想，比如：深窄槽的加工、很深的型腔加工等，冲油很难到达加工间隙内部，达到排屑目的。如果配合抬刀操作，则可大大提高排屑效果。在实际加工中，抬刀和冲油是配合进行的。

8.3.3 影响电火花加工电极损耗的因素

(1) 电极材料与极性的影响

在放电过程中，在两极间电场的作用下，对间隙间介质起到了电离作用，加工蚀除产物和介质分解的含碳物质附着于某一极上，形成覆盖层，这种现象叫做覆盖效应。覆盖效应有利于减少电极损耗。如果使用石墨电极和紫铜电极，当脉宽大于 $20\mu s$ 时，用负极性，反之用正极性都有利于产生覆盖效应。

(2) 脉冲放电时间的影响

脉冲放电时间越长，则电极的损耗越小。这是因为脉冲宽度大，则在一定时间内放电击穿次数减少，放电维持时间加长，减少了击穿前沿对电极损耗的影响，增加了放电过程中电蚀产物（包括金属微粒和介质的含炭产物）在电极表面的沉积，从而补偿了电极的损耗。

(3) 脉冲放电电流的影响

脉冲电流加大必将导致电极损耗的增加。从上面提到的脉宽对电极损耗的影响，合理的调整脉宽和脉冲电流的关系可以有效地控制电极损耗。

(4) 冲、抽油的影响

冲油或抽油虽然可以改善加工的稳定性，但是如果冲油或抽油压力过大，使间隙中的液体介质流速过快，消电离速度加快而减弱了覆盖效应的产生。会加大电极损耗。而且，如果冲油或抽油不均匀，也会造成电极损耗的不均匀。间隙中液体流速大的地方电极损耗也会大于液体流速小的地方。所以在加工中，要根据情况选择冲油或抽油压力和冲油或抽油位置。图 8-37 是冲油和抽油的工作示意图。

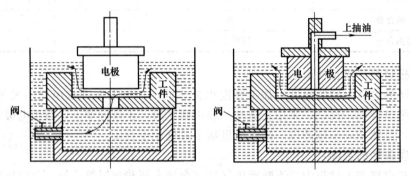

图 8-37　冲油和抽油的工作示意图

(5) 电极形状和尺寸的影响

电火花加工过程中，放电分布区域随电极的形状、尺寸的不同而不同。一般情况下，电极的棱、角、窄筋、薄片等部位，放电会相对集中，损耗也相应地大一些。这也就造成了加工一个复杂的型腔时，尖棱、尖角、窄槽等部位的损耗要大于其他部位。

8.3.4　影响电火花加工表面粗糙度的因素

(1) 脉宽和脉冲电流的影响

脉宽和脉冲电流影响着单个脉冲的放电能量，放电能量越大表面粗糙度越差。对脉宽来说，石墨和紫铜电极加工的表面粗糙度随脉宽的增加而加大，一般中、精加工的脉冲宽度要小于 $100\mu s$。对于脉冲电流来说，石墨和紫铜是有区别的：石墨电极在其他条件不便的情况下，改变脉冲放电电流对改变加工表面粗糙度影响不明显；而紫铜则会随着脉冲电流的增加而使加工表面粗糙度增加。

(2) 平均电流密度的影响

平均加工电流过大，会影响放电间隙的排屑条件、介质的消电离条件等，容易在加工表面出现积碳现象，在高温时产生金属瘤，影响加工表面质量。

(3) 电极表面质量的影响

电火花加工实际上是工具电极的仿型加工。工具电极的表面质量好坏会直接影响加工工件的表面质量。紫铜电极比石墨电极密度大、质地好，容易做出高光洁度的工具电极。所以，在工件表面质量要求较高的情况，应采用紫铜作为电极材料。

8.4　电火花机床的维护与保养

8.4.1　主轴头的维护与保养

主轴头是保证机床具有较高的几何精度、加工精度及加工灵敏度的主要部件。因此，在使用时必须注意维护和保养。

① 主轴头在正常使用时，其齿形皮带应松紧合适，如出现主轴进给动作不均匀，或在放电加工时主轴反应不灵敏，此时可将主轴头上盖取下，检查齿形皮带的松紧程度，是否出现爬齿现象或轮与带的齿间出现间隙，可调整直流伺服电机支架上的螺钉来调节齿形皮带的松紧。

② 为保证主轴移动的精度和刚度，主轴与导轨之间在制造时已精心调试好，一般不可随意调节导轨间隙，在使用过程中如出现主轴移动精度、刚度和加工精度降低的现象，经检查证实后，可调整主轴头导轨间隙。

8.4.2 拖板与工作台的维护与保养

① 如发现手摇工作台手柄有轻重不均现象，可检查滚珠丝杠副的螺母座和丝杠螺母是否松动现象或丝杠螺母副内有无杂质入内。

② 拖板与工作台导轨应保持清洁并按时润滑。

8.4.3 机床的工作环境

一定要远离振源和热源，不能让太阳直射，防止机床热变形。

8.4.4 安装工件

上下工件要小心防止撞击工作台面，卡压工件夹紧力要适度，以免引起工件和工作台面变形，影响加工精度。

8.4.5 加工液

保持工作液的清洁度，定期检查并更换滤芯。

（1）加工液的检查

加工液使用纯正煤油或放电加工专用油。喷流压力在不浸油加工状态时，最好不要超过0.5kgf/cm，因为喷流压力高会使加工液产生雾状，如此极容易为放电火花引燃。当加工液出油量太少时，请检查滤芯是否不洁（滤筒压力表超过 2kgf/cm）或加工液不足。至少每月检查油位是否有降低情形，加工液若使用 1000h 之后就必须清理油箱，清理油箱时，将加工液抽出，底部残渣刮出干净，待加工液沉淀后，取出澄清加工液，倒回箱内。

（2）更换滤芯

根据加工情况的不同，滤芯大约 1～2 年更换一次。更换滤芯过程如下：

① 放置一约 5kg 容器于滤筒盖下方；

② 以扳手将滤筒盖上的泄油嘴旋开，使滤筒内剩余的加工液流出，再锁紧泄油嘴；

③ 将盖中央六角头旋开，拿滤筒盖及防漏环；

④ 旋出固定滤芯轴螺母；

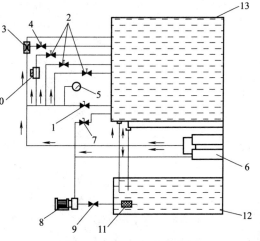

图 8-38　加工液回流系统

1—进油阀：控制冲油压力；2—喷油流量控制阀；
3—喷油压力表；4—吸油量控制阀；5—喷油压力表；
6—滤筒；7—主进油阀；8—循环油泵；9—止回阀；
10—间歇喷油电磁阀；11—吸口滤网；
12—加工液油；13—油槽

⑤ 取出滤芯并清除滤筒内沉积碳垢；

⑥ 装上清洁滤芯，旋回固定滤芯心轴螺母；

⑦ 谨慎装回防漏环，盖上滤盖放入 O 形环，锁紧六角头螺钉；

⑧ 相同步骤③～⑥更换另一滤筒；

⑨ 启动加工液开关试压至约 300kPa，历时 1min，检查如图 8-38 所示回油即完成。

8.5　训练题

8-1　电火花机床由哪些部分组成？电火花成型加工与线切割加工有什么不同？

8-2　操作电火花机床时，应重点注意些什么？

8-3　电火花成型电规准与线切割电规准有什么异同？

8-4　常用电极材料有哪些？各有什么特点？

8-5　什么叫冲油？什么叫抽油？它们有什么用途？

8-6　谈谈电火花机床的操作保养。

课题九

电火花成型加工训练

9.1 塑料模的电火花成型加工

电火花成型在模具型腔的细缝、小尖拐角等形状的加工中，仍然有其他加工方法不可替代的作用，也是淬硬材料、硬质合金等高硬度导电材料模具型腔加工的较好方法。

9.1.1 零件图

加工如图 9-1 所示注射模型腔。型腔材料为 40Cr，硬度为 $38\sim40$HRC，型腔表面粗糙度 $Ra\leqslant2\mu m$，外形表面粗糙度 $Ra1.6\mu m$（图中未标出），要求型腔侧面棱角清晰，圆角半径 $R<0.25$mm。

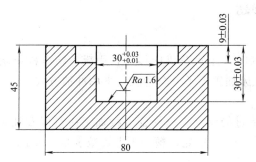

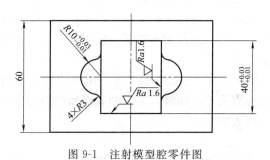

图 9-1 注射模型腔零件图

9.1.2 加工工艺路线

零件外形采用铣削加工粗加工，淬火后磨削则可以达到加工要求。由于内腔圆角半径

$R<0.25$mm，腔又比较深，采用铣削加工的方法难以实现，40Cr 钢硬度达到了 38～40HRC，采用人工修研的办法也难以实现，故电火花成型加工是较为合适的加工方法。内腔拟订的加工路线如下：

铣内腔—淬火—电火花成型粗加工—修正电极—电火花成型精加工。

铣内腔加工工序的工序尺寸等内容如图 9-2 所示。

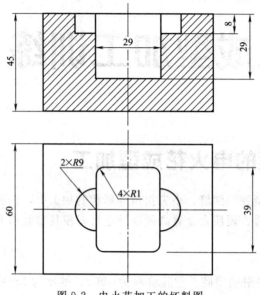

图 9-2 电火花加工的坯料图

9.1.3 电火花成型规划

(1) 方法选择

使用迪蒙卡特 CTE300ZK 电火花机床加工，用粗、精电极单轴进给进行电火花成型加工。由于工件已用数控铣床加工出了一个型腔，采用冲油方式。

(2) 工具电极

① 电极材料选用锻造过的紫铜，以保证电极加工质量以及加工表面粗糙度。粗加工电极减少量（即减小量）：0.3mm/单侧，精加工电极减少量：0.1mm/单侧。

② 加工电极结构与尺寸。

根据塑料模型腔加工的要求，需要用数控铣床加工粗、精加工两块电极，并且分别加工安装螺纹孔，用于与电火花机床主轴连接。如图 9-3 所示为数控铣床加工的粗、精加工电极的尺寸与结构。其中，图 9-3（a）为粗加工电极，图 9-3（b）为精加工电极。

(3) 电极安装与校正

如图 9-3 所示的粗、精加工两个电极，都需要在电极顶面加工出 M8 螺纹孔，以便于将电极用螺杆连接于机床电极夹头上。同时，电极的底面和侧面为平面，在安装电极时，用百分表在电火花机床上进行打表校正。

(4) 放电面积计算

单轴电火花机床加工的放电面积，就是指电极底面的实际面积，根据电火花设备的不同要求，选取指定单位来进行换算。根据本例中的电极尺寸，其底面的放电面积为 40mm×30mm＝1200mm^2＝12cm^2。放电面积是电火花加工程序的一个重要参数。

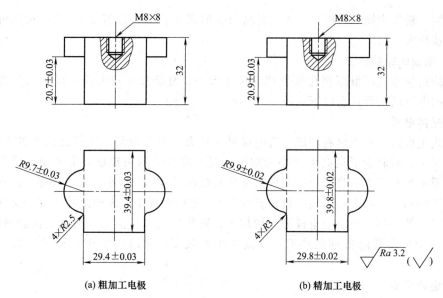

(a) 粗加工电极   (b) 精加工电极

图 9-3　加工电极图

9.1.4　电极设计基本常识

9.1.4.1　电极材料选择

目前常用的电极材料有紫铜（纯铜）、黄铜、钢、石墨、铸铁、银钨合金、铜钨合金等。电极材料性能如表 9-1 所示。

表 9-1　电极材料性能

电极材料	电加工性能		机加工性能	说　　明
	稳定性	电极损耗		
钢	较差	中等	好	在选择电规准时注意加工稳定性
铸铁	一般	中等	好	为加工冷冲模时常用的电极材料
黄铜	好	大	尚好	电极损耗太大
紫铜	好	较大	较差	磨削困难，难与凸模连接后同时加工
石墨	尚好	小	尚好	机械强度较差，易崩角
铜钨合金	好	小	尚好	价格贵，在深孔、直壁孔、硬质合金模具加工中使用
银钨合金	好	小	尚好	价格贵，一般少用

紫铜（纯铜）电极的特点有：加工过程中稳定性好，生产率高，精加工时比石墨电极损耗小，易于加工成精密、微细的花纹，采用精密加工时能达到优于 $1.25\mu m$ 的表面粗糙度，因其塑性韧性好，故机械加工性能差，磨削加工困难。适宜于做电火花成型加工的精加工电极材料。

黄铜电极的特点有：在加工过程中稳定性好，生产率高，机械加工性能尚好，它可用仿形刨加工，也可用成型磨削加工，但其磨削性能不如钢和铸铁，电极损耗最大。

石墨电极特别适合用于大脉宽在电流型腔加工，电极损耗可小于 0.5%，抗高温、变形小、质量小、容易制造，缺点是机械强度差，易脱落，易拉弧。适用于做电火花成型加工的粗加工电极材料。因为石墨的热胀系数小，也可作为穿孔加工的大电极材料。石墨材料加工时容易碎裂、粉末飞扬，所以在加工前需将石墨放在工作液中浸泡 2～3 天，这样可以有效减少崩角及粉末飞扬。

9.1.4.2 电极的结构形式

电极的结构形式可根据型孔或型腔的尺寸大小、复杂程度及电极的加工工艺性等来确定。常用的电极结构形式有以下几种。

（1）整体电极

整体式电极由一整块材料制成。若电极尺寸较大，则在内部设置减轻孔及多个冲油孔。对于穿孔加工，有时为了提高生产率和加工精度及降低表面粗糙度，常采用阶梯式整体电极，即在原有的电极上适当增长，而增长部分的截面尺寸均匀减小，呈阶梯形。阶梯电极在电火花加工中的加工原理是先用电极增长部分 L_2 进行粗加工，来蚀除掉大部分金属，只留下很少余量，然后再用原有的电极进行精加工。阶梯电极的优点是：粗加工快速蚀除金属，将精加工的加工余量降低到最小值，提高了生产效率；可减少电极更换的次数，以简化操作。

（2）组合电极

组合电极是将若干个小电极组装在电极固定板上，可一次性同时完成多个成型表面电火花加工的电极。采用组合电极加工时，生产率高，各型孔之间的位置精度也较准确。但是对组合电极来说，一定要保证各电极间的定位精度，并且每个电极的轴线要垂直于安装表面。

（3）镶拼式电极

镶拼式电极是将形状复杂而制造困难的电极分成几块来加工，然后再镶拼成整体的电极。如图 9-4 所示，将 E 字形硅钢片冲模所用的电极分成三块，加工完毕后再镶拼成整体。这样即可保证电极的制造精度，得到尖锐的凹角，而且简化了电极的加工，节约了材料，降低了制造成本。但在制造中应保证各电极分块之间的位置准确，连接配合要紧密牢固。

此外，电极结构设计时，还考虑电极的装夹，要设计好与主轴头连接的结构。

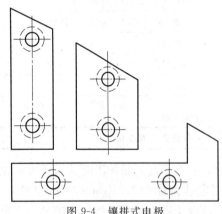

图 9-4 镶拼式电极

9.1.4.3 电极的尺寸

电极的尺寸包括垂直尺寸和水平尺寸，它们的公差是型腔相应部分公差的 1/2～2/3。

（1）垂直尺寸

电极平行于机床主轴线方向上的尺寸称为电极的垂直尺寸。电极的垂直尺寸取决于采用的加工方法、加工工件的结构形式、加工深度、电极材料、型孔的复杂程度、装夹形式、使用次数、电极定位校直、电极制造工艺等一系列因素。

在设计中，综合考虑上述各种因素后很容易确定电极的垂直尺寸，下面简单举例说明。如图 9-5（a）所示的凹模穿孔加工电极，L_1 为凹模板机械加工孔部分长度尺寸，在实际加工中 L_1 部分虽然不需电火花加工，但在设计电极时必须考虑该部分长度；L_3 为电极加工中端面损耗部分，在设计中也要考虑。

如图 9-5（b）所示的电极用来清角，即清除某型腔的角部圆角。加工部分电极较细，受力易变形，由于电极定位、校正的需要，在实际中应适当增加 L_1 部分的长度。

如图 9-5（c）所示的电火花成型加工电极，电极尺寸包括加工一个型腔的有效高度 L、加工一个型腔位于另一个型腔中需增加的高度 L_1、加工结束时电极夹具和夹具或压板不发生碰撞而应增加的高度 L_2 等。

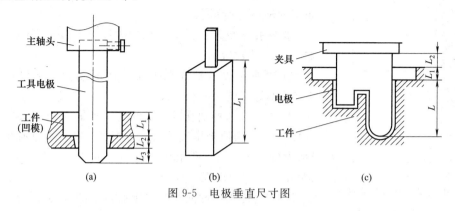

图 9-5　电极垂直尺寸图

（2）水平尺寸

电极的水平尺寸是指与机床主轴轴线相垂直的横截面尺寸，图 9-6 所示为型腔与电极关系图。

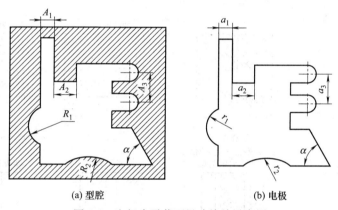

(a) 型腔　　　　　　　　　　(b) 电极

图 9-6　电极水平截面尺寸缩放示意图

电极的水平尺寸可用下式确定：

$$a = A \pm Kb$$

式中　a——电极水平方向的尺寸；

　　　A——型腔的水平方向的尺寸；

　　　K——与型腔尺寸标注法有关的系数，对称图形 $K=2$，否则 $K=1$；

　　　b——电极单边缩放量，粗加工时，$b=\delta_1+\delta_2+\delta_0$（注：$\delta_1$、$\delta_2$、$\delta_0$ 的意义参见图 9-7）。

$\pm$ 号和 K 值的具体含义是：凡图样上型腔凸出部分，其相对应的电极凹入部分的尺寸应放大，即用"＋"号；反之，凡图样上型腔凹入部分，其相对应的电极凸出部分的尺寸应缩小，即用"－"号。

9.1.4.4　电极的排气孔和冲油孔设计

电火花成型加工时，型腔一般均为盲孔，排气、排屑条件较为困难，这直接影响加工效率与稳定性，精加工时还会影响加工表面粗糙度。为改善排气、排屑条件，大、中型腔加工电极都设计有排气、冲油孔。一般情况下，开孔的位置应尽量保证冲液均匀和气体易于排出。电极开孔示意图如图 9-8 所示。

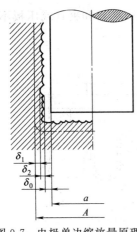

图 9-7　电极单边缩放量原理图
δ_1—安全余量；δ_2—表面微观不平度
的最大值；δ_0—侧面单边放电间隙

在实际设计中要注意以下几点：

① 为便于排气，经常将冲油孔或排气孔上端直径加大〔如图 9-8（a）所示〕。

② 气孔尽量开在蚀除面积较大以及电极端部凹入的位置〔如图 9-8（b）所示〕。

③ 冲油孔要尽量开在不易排屑的拐角、窄缝处〔如图 9-8（c）不好，图 9-8（d）好〕。

④ 排气孔和冲油孔的直径约为平动量的 1～2 倍，一般取 1～1.5mm；为便于排气排屑，常把排气孔、冲油孔的上端孔径加大到 5～8mm；孔距在 20～40mm 左右，位置相对错开，以避免加工表面出现"波纹"。

⑤ 尽可能避免冲液孔在加工后留下的柱芯〔如图 9-8（f）、（g）、（h）较好，图 9-8（e）不好〕。

⑥ 冲油孔的布置需注意冲油要流畅，不可出现无工作液流经的"死区"。

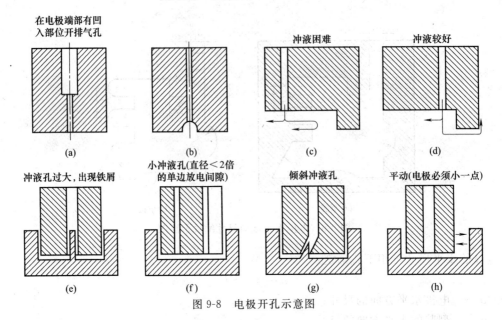

图 9-8　电极开孔示意图

9.1.5　加工程序

(1) 确定加工条件

加工条件是根据实际加工情况进行选择，如表 9-2 所示，为粗、精加工过程的加工条件表。

表 9-2　电火花加工条件表

加工过程	材料组合	电极缩小量（单边）	放电面积/cm²	表面质量（最终）	目标深度（相对）
粗加工	铜-钢	0.2	12	3.2	−29.9
精加工	铜-钢	0.1	12	1.6	−30

(2) 生成加工程序

由加工条件进行自动编程，生成加工程序，如表 9-3 所示，段号 1 为电火花粗加工，段号 2 为精加工程序。其中的设定深度，是系统根据输入的表 9-1 所示的目标深度，匹配加工条件经过计算自动生成的，它总是会小于目标深度，因为在电火花加工时，底面也存在着一定的放电间隙。

表 9-3　电火花加工程序表

段号	设定深度	电流	脉冲宽度	脉冲间隔	高压	间隙电压	抬刀	放电时间	极性	损耗	平动半径	暂停
1	−29.7	8	300	200	关	4	2	5	−	开	0	开
2	−29.9	1	25	12	关	4	3	4	+	关	0	开

(3) 检查加工程序

查看表 9-3 所示的加工程序，可根据实际加工情况对程序表进行调整，如放电电流的大小，脉宽和脉停的匹配，放电时间长短，以及有利于冲油排屑的抬刀高度等。

9.1.6　电火花加工操作步骤

(1) 安装电极

① 将电极及链接螺杆安装至机床电极夹头上。

首先将螺杆装入打好螺纹孔的电极中，再将连接螺杆的电极装夹于电火花机床主轴头低端的电极夹头孔中，目测摆正，并用内六角扳手锁紧电极夹头装夹螺母。如图 9-9 所示，电极通过连接螺杆安装于电极夹头上。

② 打表校正电极，并锁紧电极夹头螺母。

如图 9-10 所示。由于百分表及其附件是导体，在测量电极的过程中会发生极间短路现

图 9-9　电极安装

图 9-10　打表校正电极

象，发出蜂鸣的报警声音，因此，需要在工作台上加垫一张薄纸，薄纸隔电不隔磁，再进行打表测量。

电极夹头上共有 3 对螺钉，分别控制电极平面旋转、前后摆动和左右摆动。

a. 平面旋转：用百分表触针测量电极侧面，旋转角度螺钉进行校正。

b. 前后摆动：用百分表触针测量电极台阶面 Y 方向底面，旋转前后螺钉进行校正。

c. 左右摆动：用百分表触针测量电极台阶面 X 方向底面，旋转左右螺钉进行校正。

（2）安装工件

① 将工件放置于永磁吸盘上。

先清理工作台面，将永磁吸盘放置于工作台上，再清理永磁吸盘上表面，最后将工件轻轻放置于永磁吸盘上，目测摆正工件。如图 9-11 所示。

② 打表校正工件，并开启永磁吸盘开关。

如图 9-12 所示，首先确定工件的基准面为测量平面，将百分表磁力吸座吸附于电火花机床夹头上，调整好百分表连接支架，使百分表触针于被测工件位置恰当。再移动工作台，使百分表触针接触被测工件的基准面，然后移动工作台另一方向进行测量，并敲击工件校正。最后用内六角扳手使永磁吸座的开关，由"OFF"位置转到"ON"位置，吸住工件。

图 9-11　工件放置于永磁吸盘上

图 9-12　打表校正工件

（3）对刀

① X、Y 方向使用感应报警法对刀，确定 X、Y 方向工件坐标零点。

感应报警法对刀，就是使电极直接碰触被加工工件的基准面，电源正负极相连，形成极间短路现象，产生蜂鸣的报警声音，如图 9-13 所示，从而得知电极已经接触工件。这个时候记录机床坐标位置，或者进行清零，并计算实际加工的工件坐标位置，最后将电极抬起，使电极达到准确的待加工位置，并进行 X、Y 方向的坐标清零，如图 9-14 所示。

图 9-13　X、Y 方向感应法对刀

图 9-14　X、Y 方向坐标零点

② Z 方向使用"接触感知"法，确定 Z 方向工件坐标零点。

根据前一步骤确定的 X、Y 方向工件坐标零点，将电极移动至对应工件加工位置上方，应用手控盒点动，使电极与工件间的距离为 3mm 左右，再按手控盒上"Touch Alarm"按键，即 Z 方向接触感知法对刀。这时电极与工件轻轻接触，并产生蜂鸣报警声音，如图9-15所示。然后将 Z 方向坐标清零，如图 9-16 所示，这样就完成了 Z 方向对刀。最后将电极抬起 3mm 左右，等待后续操作。

图 9-15　Z 方向接触感知法对刀

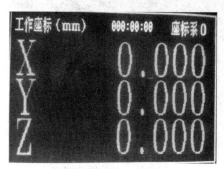

图 9-16　Z 方向坐标零点

（4）程序编制

按菜单"F3 自动编程"，弹出自动编程对话框，将确定的加工参数，输入到自动编程各模块中，生成加工程序，如图 9-17 所示。

自动编程	
材料组合	铜-钢
电极缩小量(mm)	0.2
放电面积(cm²)	8---20
最终表面粗糙度(Ra)	3.2
目标深度(mm)	-30

图 9-17　自动编程对话框

（5）开加工液

① 调整工作箱侧面油压阀门扳手，如图 9-18 所示，使喷油压力表调至 0，如图 9-19 所示，再开启油泵（按键盘 F11）。

图 9-18　油压阀门

图 9-19　喷油压力表

② 将冲油管对准加工部位，如图 9-20 所示，再开启冲油开关。

③ 应用控制液面阀，如图 9-21 所示，将油液面调整到大于工件加工部位 50mm 以上。

(6) 开始加工

当上述步骤完成后，按手控盒上的绿色"开始"键；如图 9-22 所示，开启加工。

图 9-20　冲油管冲油

图 9-21　控制液面阀

图 9-22　手控盒按键

(7) 加工结束

待加工完成之后，电极会自动升起，并且发出蜂鸣报警声音提示已完成。此时先将油泵关闭，将油液回流至油箱，再取工件，并做机床保养。

9.2　电火花穿孔加工

9.2.1　零件图

如图 9-23 所示，在一个方形零件上用电火花加工出一个台阶孔。零件材料为硬质合金钢，要求型腔表面粗糙度 $Ra3.2\mu m$。

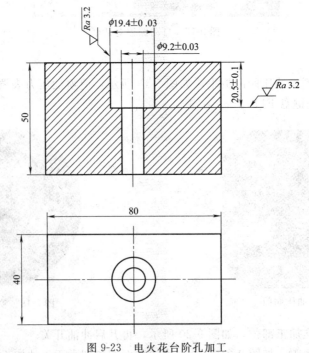

图 9-23　电火花台阶孔加工

9.2.2 加工工艺路线

在硬质合金材料上加工一个深通孔，由于材料的硬度非常高，选用电火花穿孔进行加工较为合适。加工工艺路线如下：

① 加工外形，用电火花线切割加工出外形尺寸，达到精度要求。

② 车床加工电极，车削如图 9-24 所示电极，分别加工粗、精加工电极两根。为了方便安装电极，在电极的顶面预钻 M8×8 螺纹底孔，用攻螺纹丝锥完成电极的螺纹孔加工。

③ 电火花粗加工台阶零件，在电火花机床上安装粗加工电极进行台阶零件粗加工，预留单边余量 0.1mm。

④ 电火花精加工台阶零件，在电火花机床安装精加工电极完成台阶零件加工，保证尺寸精度及表面质量。

9.2.3 电火花成型规划

(1) 电极选材

电极材料选用纯铜最为适合，不宜采用黄铜。

(2) 电极制作

根据台阶孔零件加工的要求，需要用数控车床加工粗、精加工两根电极，用于电火花加工。考虑放电间隙与加工余量，电极的尺寸与结构如图 9-24 所示。图 9-24（a）为粗加工电极，其单边尺寸比台阶孔零件尺寸小 0.3mm，图 9-24（b）为精加工电极，其单边尺寸比塑料模型腔尺寸小 0.1mm。

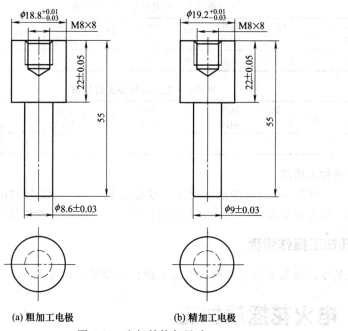

图 9-24　电极结构与尺寸

(3) 电极安装与校正

先将电极用 M8 螺杆连接于机床电极夹头上，在电极的台阶底面打表，校正电极的前后和左右摆动，由于是圆柱形电极，电极的旋转方向不需要打表校正。

（4）加工方式

电火花机床的粗、精加工过程，都是使成型电极进行单轴运动，无需平动即可完成加工。

（5）放电面积

单轴电火花机床加工的放电面积，就是指电极底面的实际面积，根据电火花设备的不同要求，选取指定单位来进行换算。根据本例中的电极尺寸，其底面的放电面积为 $S = \pi \times D^2/4 = 3.14 \times 19.4^2 \, mm = 295.44 mm^2 = 2.7 cm^2$。放电面积是电火花加工程序的一个重要参数。

（6）冲油方式

由于是深盲孔类零件，适合使用浸油＋冲油同时进行的加工方式。

9.2.4 加工程序

（1）确定加工条件

加工条件是根据实际加工情况进行选择，如表 9-4 所示，为粗、精加工过程的加工条件表。

表 9-4　电火花加工条件表

加工过程	材料组合	电极缩小量（单边）	放电面积/cm²	表面质量（最终）	目标深度（相对）
粗加工	铜-钢	0.2	2.7	3.2	−51.3
精加工	铜-钢	0.1	2.7	1.6	−51.5

（2）生成加工程序

由加工条件进行自动编程，生成加工程序，如表 9-5 和表 9-6 所示，分别为电火花粗、精加工程序表。

表 9-5　电火花粗加工程序表

段号	设定深度	电流	脉冲宽度	脉冲间隔	高压	间隙电压	抬刀	放电时间	极性	损耗	平动半径	暂停
0	−51.1	8	300	200	关	4	2	5	−	开	0	开

表 9-6　电火花精加工程序表

段号	设定深度	电流	脉冲宽度	脉冲间隔	高压	间隙电压	抬刀	放电时间	极性	损耗	平动半径	暂停
0	−51.4	1	25	12	关	4	3	4	＋	关	0	开

（3）检查加工程序

查看表 9-4 和表 9-5 所示的加工程序，可根据实际加工情况对程序表进行调整，如放电电流的大小，脉宽和脉停的匹配，放电时间长短，以及有利于冲油排屑的抬刀高度等。

9.2.5 孔加工操作步骤

台阶孔类零件的加工与塑料模具的加工操作步骤类同，可根据 9.1.5 操作步骤完成。

9.3　电火花摇动加工

9.3.1 零件图

加工如图 9-25 所示零件的方孔，零件材料是 45 钢。

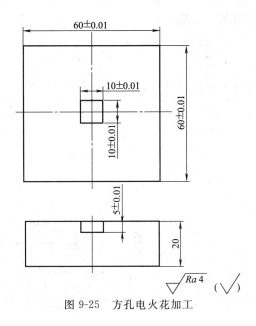

图 9-25　方孔电火花加工

9.3.2　加工工艺分析

(1) 加工要求分析

本例加工形状简单，加工精度及表面粗糙度 $Ra4\mu m$，要求较高，加工位置在工件中心，但孔尺寸较小，为方便排屑和保证放电加工稳定，可以采用单电极摇动加工完成。

(2) 电极材料

选用紫铜，按铜打钢的工艺规范进行加工。

(3) 摇动加工

用电火花成型机床加工型腔零件时，由于放电间隙与加工速度和加工质量相关联，粗、精加工时要选择不同的电规准。所以，粗加工时的电极要比精加工时稍小些，在单轴进给的电火花加工机床上加工时，粗、精加工要采用不同的电极才能实现加工要求。但如果用同一电极进行粗、精加工，由于放电间隙变化及粗加工时电极有所损耗，精加工时放电侧就要调整放电间隙，电极应该向放电侧靠近。这就需要电极在型腔平面上做适当的移动，以实现加工要求。电极做的这种运动叫平动。通常，把电极运动实现加工目的的加工动作叫平动，把工作台移动实现加工目的的叫摇动。可见，摇动是为了采用单电极实现粗、精加工需要的工作台进给运动。为了保证精度要求，摇动尺寸很小，单位用微米（μm）。3 轴联动的电加工机床，才能实现摇动加工。

摇动加工可以现实如下加工目标：

① 可以精确控制加工尺寸精度，尺寸精度控制在微米单位范围内；

② 可以加工出复杂的形状，如螺纹；

③ 可以提高工件侧面和底面的表面粗糙度要求；

④ 可以加工出棱角，内棱角不受最小圆弧半径值的影响；

⑤ 变全面加工为局部加工，有利于排屑和防积炭，电极可以不开气孔和排屑孔，也保证了气孔和排屑孔处不会形成加工"凸台"。

图 9-26 是四种典型的摇动加工轨迹，图 9-27 圆台和方台型腔的摇动加工轨迹。本例采

用图 9-26 (d) 的轨迹形式精加工方腔。

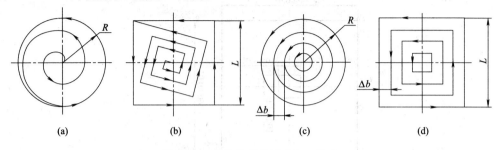

(a)　　　　　(b)　　　　　(c)　　　　　(d)

图 9-26　四种典型的摇动加工轨迹

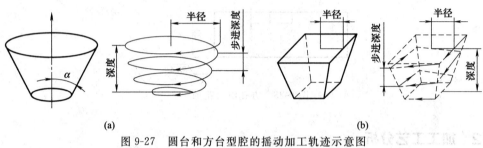

(a)　　　　　　　　　　　　　　(b)

图 9-27　圆台和方台型腔的摇动加工轨迹示意图

摇动加工程序指令格式如图 9-28 所示：

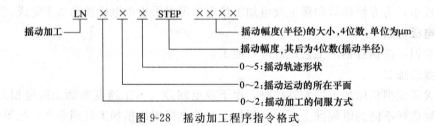

图 9-28　摇动加工程序指令格式

9.3.3　电火花摇动加工规划

加工选用的加工条件如表 9-7 所示。加工中峰值电流（IP）、脉冲宽度（ON）逐渐减小，加工深度逐渐加深，摇动的步距逐渐加大。即加工中首先是采用粗加工规准进行加工，然后慢慢采用精加工规准进行精修，最后精修方腔时，加工条件为 C300，摇动量为 280μm，高度方向上电极距离工件底部的余量为 20μm，机床的单边放电间隙为 20μm。

表 9-7　加工条件

C 代码	ON	IP	HP	PP	Z轴进给余量/μm	摇动步距/μm
C170	19	10	11	10	Z330	10
C140	16	05	51	10	Z156	134
C220	13	03	51	10	Z096	196
C210	12	02	51	10	Z066	224
C320	08	02	51	10	Z040	256
C300	05	01	52	10	Z020	280

9.3.4　电极制造

单边最后摇动量为 0.28mm，放电间隙为 0.02mm，电极损耗不计，则电极加工部位的尺寸为 9.4mm，如图 9-29 所示，采用钻夹头夹持电极。

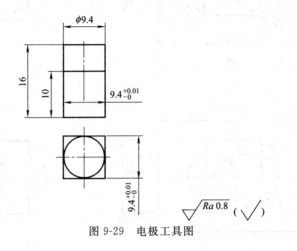

图 9-29　电极工具图

9.3.5　加工程序

H0000＝＋00005000；	加工深度
N0000；	
G00G90G54XYZ1.0；	加工开始位置，Z 轴距工件表面距离为 1.0mm
G24；	高速跃动
G01 C170 LN002 STEP10 Z330-H000 M04；	以 C170 条件加工至距离底面 0.33mm，M04 然后返回加工开始位置
G01 C140 LN002 STEP134 Z156-H000 M04；	以 C140 条件加工至距离底面 0.156mm
G01 C220 LN002 STEP196 Z096-H000 M04；	以 C220 条件加工至距离底面 0.096mm
G01 C210 LN002 STEP224 Z066-H000 M04；	以 C210 条件加工至距离底面 0.066mm
G01 C320 LN002 STEP256 Z040-H000 M04；	以 C320 条件加工至距离底面 0.040mm
G01 C300 LN002 STEP280 Z020-H000 M04；	以 C300 条件加工至距离底面 0.020mm
M02；	加工完

9.4　电火花打字加工

9.4.1　零件图

电火花打字加工实例——塑料模型腔底部字体加工，如图 9-30（a）所示。

9.4.2　加工工艺路线

由 9.1 内容中图 9-1 已经加工完成的塑料模型腔，接下来完成底部字体的加工，其工艺路线如下：

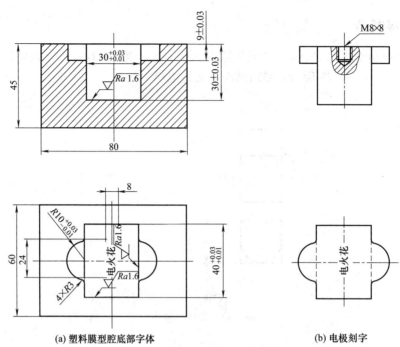

(a) 塑料膜型腔底部字体　　　　　　　　　(b) 电极刻字

图 9-30　塑料模型腔底部字体电火花加工

（1）加工电极字体

如图 9-30（b）所示的电极刻字，可以选用数控雕刻机或者高转速数控铣床完成，直接在电极的底面进行刻字加工。由于型腔底面为凸的正字体，所以注意电极字体一定是凹的反字体。

（2）电火花打字

如果字体对应深度比较浅，并且精度要求不是很高，就可以只做一个电极直接完成加工即可。

9.4.3　电火花成型规划

（1）电极选材

可直接选用前面的精加工纯铜材料电极，进行字体加工。

（2）电极制作

根据塑料模型腔字体加工的要求，需要先加工电极底部凹的反字体，用于电火花加工。如图 9-31 所示，为加工后电极的实物图。考虑到不要求字体有很大的凸凹感，字凹陷深度可小于 0.5mm。

（3）电极安装与校正

图 9-31　电极刻字

电极的安装与校正与其在塑料模型腔加工时一致。

（4）加工方式

电火花成型机床的打字加工过程，也是使完成刻字的电极进行单轴运动进行加工。

（5）放电面积

根据本例中的电极刻字部分尺

寸，其底面的放电面积大约为 $10\text{mm}\times8\text{mm}=80\text{mm}^2=0.8\text{cm}^2$，将放电面积条件赋予加工程序。

(6) 冲油方式

由于是深盲孔类零件，适合使用浸油＋冲油同时进行的加工方式。

9.4.4 加工程序

(1) 确定加工条件

加工条件是根据实际加工情况进行选择，加工过程的加工条件如表 9-8 所示。

表 9-8 打字加工条件表

加工过程	材料组合	电极缩小量(单边)	放电面积/cm²	表面质量(最终)	目标深度(相对)
打字加工	铜-钢	0.1	0.8	3.2	−0.3

(2) 生成加工程序

由加工条件进行自动编程，生成加工程序，如表 9-9 所示。

表 9-9 打字加工程序表

段号	设定深度	电流	脉冲宽度	脉冲间隔	高压	间隙电压	抬刀	放电时间	极性	损耗	平动半径	暂停
0	−0.18	8	300	200	关	4	2	5	−	开	0	开

(3) 检查加工程序

查看表 9-9 的打字加工程序，可根据实际加工情况对程序表进行调整，如放电电流的大小，脉宽和脉停的匹配，放电时间长短，以及有利于冲油排屑的抬刀高度等。

9.5 训练题

9-1　根据图 9-32（a）所示注射模型腔，制作图 9-33（b）所示电极，参照例题电火花加工步骤，用电火花成型机床完成注射模型腔的加工。

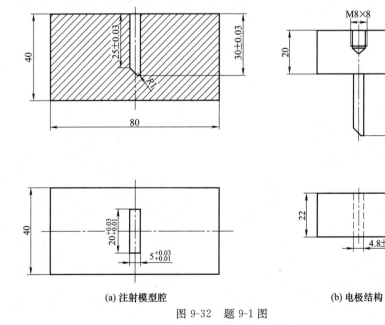

(a) 注射模型腔　　　　　　　　　(b) 电极结构

图 9-32　题 9-1 图

9-2　根据图 9-33（a）所示上正八边形、下正六边形台阶型腔，设计电极结构与尺寸，制作 9-33（b）图所示电极，参照例题电火花加工步骤，用电火花成型机床完成台阶型腔的加工。

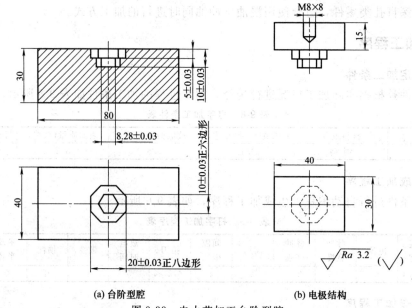

(a) 台阶型腔　　　　　　(b) 电极结构

图 9-33　电火花加工台阶型腔

线切割操作员考证

10.1　线切割机床操作工考试大纲标准及内容

10.1.1　考证条件

(1) 具备下列条件之一的，可申请报考初级工：

① 在同一职业（工种）连续工作二年以上或累计工作四年以上的；

② 经过初级工培训结业。

(2) 具备下列条件之一的，可申请报考中级工：

① 取得所申报职业（工种）的初级工等级证书满三年；

② 取得所申报职业（工种）的初级工等级证书并经过中级工培训结业；

③ 高等院校、中等专业学校毕业并从事与所学专业相应的职业（工种）工作。

(3) 具备下列条件之一的，可申请报考高级工：

① 取得所申报职业（工种）的中级工等级证书满四年；

② 取得所申报职业（工种）的中级工等级证书并经过高级工培训结业；

④ 高等院校毕业并取得所申报职业（工种）的中级工等级证书。

10.1.2　考核大纲

10.1.2.1　基本要求

职业道德

(1) 职业道德基本知识

(2) 职业守则

① 遵守法律、法规和有关规定。

② 爱岗敬业，具有高度的责任心。

③ 严格执行工作程序、工作规范、工艺文件和安全操作规程。

④ 工作认真负责，团结合作。

⑤ 爱护设备及工具、夹具、刀具、量具。

⑥ 着装整洁，符合规定；保持工作环境清洁有序，文明生产。

基础知识

(1) 基础理论知识

① 识图知识。

② 公差与配合。

③ 常用金属材料及热处理知识

④ 常用非金属材料知识

⑤ 计算机应用知识

（2）机械加工基础知识

① 机械传动知识。

② 机械加工常用设备知识（分类、用途）。

③ 金属切削常用刀具知识。

④ 设备润滑及切削液的使用知识。

⑤ 气动及液压知识。

⑥ 工具、夹具、量具使用与维护知识。

（3）钳工基础知识

① 划线知识。

② 钳工操作知识。

（4）电工知识

① 通用设备常用电器的种类及用途。

② 电力拖动及控制原理基础知识。

③ 安全用电知识

（5）安全文明生产与环境保护知识

① 现场文明生产要求。

② 安全操作与劳动保护知识。

③ 环境保护知识。

（6）质量管理知识

① 企业的质量方针。

② 岗位的质量要求。

③ 岗位的质量保证措施与责任。

（7）相关法律、法规知识

① 劳动法相关知识。

② 合同法相关知识。

10.1.2.2 各等级要求

本标准对初级、中级、高级的技能要求依次递进，高级别包括低级别的要求。

（1）初级

项目	鉴定范围	鉴定内容	比重	备注
基本知识	1. 识图知识	1. 正投影的基本原理 2. 简单零件的剖视图的表达方法 3. 常用简单零件的规定画法及代号标注方法 4. 简单装配图的识读知识	5%	
	2. 量具、公差配合知识	1. 千分尺、游标卡尺、百分表等量具的使用方法 2. 公差配合、形位公差和表面粗糙度的基本知识	5%	
	3. 金属材料及热处理知识	1. 常用材料的种类、牌号、力学性能、切削性能 2. 热处理的基本知识	6%	
	4. 电工知识	电工的基本知识	8%	
	5. 钳工知识	1. 划线的基本知识 2. 锉削的基本知识 3. 模具的基本知识	6%	

项目	鉴定范围	鉴 定 内 容	比重	备注
基本知识	6. 机械加工工艺知识	1. 金属切削基本知识 2. 车削加工的基本知识 3. 铣削加工的基本知识 4. 磨削加工的基本知识 5. 其它加工方法 6. 工件定位与装夹的基本知识	10%	
	7. 计算机知识	1. 计算机的基本知识与操作 2. 计算机绘图软件的基本应用	4%	
	8. 数学知识	1. 代数知识 2. 几何知识 3. 其它	2%	
专业知识	1. 数控线切割加工基本知识	1. 电加工机床的种类、名称、性能、结构和一般传动关系 2. 电切削加工的基本原理和主要名词术语 3. 机床的润滑、冷却的基本知识	16%	
	2. 电极丝相关知识	1. 常用电极丝材料的种类、名称、规格、性能和用途。 2. 电极丝的安装调试知识。	8%	
	3. 数控线切割加工知识	1. 常用数控线切割加工方法 2. 根据加工对象合理选择加工参数 3. 3B代码及G代码的编程及数据传送。 4. 数控线切割机床的使用规则及维护保养方法 5. 及时发现并处理机床常见故障	18%	
其它相关知识	1. 安全知识	1. 数控线切割机床设备的安全用电知识 2. 数控线切割加工设备的安全操作知识 3. 数控线切割机床的计算机安全使用 4. 执行安全技术规程，做到岗位责任制和文明生产的各项要求 5. 了解产品质量管理 6. 了解环境保护的方法	8%	
	2. 机械知识	1. 标准件知识 2. 机械传动知识 3. 机械联接知识 4. 液压传动知识 5. 其它	4%	

（2）中级

项目	鉴定范围	鉴 定 内 容	比重	备注
基本知识	1. 识图知识	1. 机械制图的基本原理 2. 中等复杂零件的剖视图的表达方法 3. 常用中等复杂零件的规定画法及代号标注方法 4. 中等装配图的识读知识	5%	
	2. 量具、公差配合知识	1. 量具的基本理论及使用方法 2. 公差配合、形位公差和表面粗糙度的基本知识	5%	
	3. 金属材料及热处理知识	1. 材料的种类、牌号、力学性能、切削性能 2. 热处理的知识	6%	
	4. 电工知识	电工知识	8%	
	5. 钳工知识	1. 划线知识 2. 锉削知识 3. 模具知识	6%	
	6. 机械加工工艺知识	1. 金属切削知识 2. 车削加工知识 3. 铣削加工知识 4. 磨削加工知识 5. 其它加工方法 6. 工件定位与装夹的知识	10%	
	7. 计算机知识	1. 计算机的知识与操作 2. 计算机绘图软件应用	4%	
	8. 数学知识	1. 代数知识 2. 几何知识 3. 其它	2%	

项目	鉴定范围	鉴定内容	比重	备注
专业知识	1. 数控线切割加工基本知识	1. 电加工机床的标较复杂传动关系 2. 电切削加工的原理和术语 3. 机床的润滑、冷却的知识	16%	
	2. 电极丝相关知识	1. 电极丝材料的种类、名称、规格、性能和用途。 2. 电极丝的安装调试知识。	8%	
	3. 数控线切割加工知识	1. 数控线切割加工方法 2. 根据加工对象合理选择加工参数 3. 复杂零件的3B代码及G代码的编程。 4. 数控线切割机床的使用规则及维护保养方法 5. 及时发现并处理机床常见故障	18%	
其它相关知识	1. 安全知识	1. 数控线切割机床设备的安全用电知识 2. 数控线切割加工设备的安全操作知识 3. 数控线切割机床的计算机安全使用 4. 执行安全技术规程，做到岗位责任制和文明生产的各项要求 5. 了解产品质量管理 6. 了解环境保护的方法	8%	
	2. 机械知识	1. 标准件知识 2. 机械传动知识 3. 机械联接知识 4. 液压传动知识 5. 其它	4%	

（3）高级

项目	鉴定范围	鉴定内容	比重	备注
基本知识	1. 识图知识	1. 画法几何理论与应用 2. 复杂零件的剖视图的表达方法 3. 复杂零件的规定画法及代号标注方法 4. 复杂装配图的识读知识	5%	
	2. 量具、公差配合知识	1. 量具的测量原理与使用方法 2. 公差配合、形位公差和表面粗糙度的知识	5%	
	3. 金属材料及热处理知识	1. 材料的种类、牌号、力学性能、切削性能 2. 热处理的知识	6%	
	4. 电工知识	电工的知识	8%	
	5. 钳工知识	1. 划线的知识 2. 锉削的知识 3. 模具的知识	6%	
	6. 机械加工工艺知识	1. 金属切削理论与应用 2. 车削加工理论与应用 3. 铣削加工理论与应用 4. 磨削加工理论与应用 5. 其它加工方法 6. 工件定位与装夹的知识	10%	
	7. 计算机知识	1. 计算机的理论知识与操作 2. 计算机绘图软件的应用	4%	
	8. 数学知识	1. 代数知识 2. 几何知识 3. 其它	2%	
专业知识	1. 数控线切割加工基本知识	1. 电加工机床的种类、名称、性能、结构和一般传动关系 2. 电切削加工的原理与机理 3. 机床的润滑、冷却的知识	16%	

项目	鉴定范围	鉴定内容	比重	备注
专业知识	2. 电极丝相关知识	1. 电极丝材料的种类、名称、规格、性能和用途。 2. 电极丝的安装调试知识。	8%	
	3. 数控线切割加工知识	1. 数控线切割加工方法 2. 根据加工对象合理选择加工参数 3. 复杂零件3B代码及G代码的编程及数据传送。 4. 数控线切割机床的使用规则及维修。 5. 及时发现并处理机床常见故障	18%	
其它相关知识	1. 安全知识	1. 数控线切割机床设备的安全用电知识 2. 数控线切割加工设备的安全操作知识 3. 数控线切割机床的计算机安全使用 4. 执行安全技术规程,做到岗位责任制和文明生产的各项要求 5. 了解产品质量管理 6. 了解环境保护的方法	8%	
	2. 机械知识	1. 标准件知识 2. 机械传动知识 3. 机械联接知识 4. 液压传动知识 5. 其它	4%	

10.2 线切割机床操作工考证样题

10.2.1 理论试题

×××职业技能鉴定

数控线切割操作工（中级）理论知识考试试卷

（考试时间：120分钟）

题号	一	二	三	四	五	六	总分
分数							
签名							

得分	评卷人

一、填空题：

1. 线切割加工中常用的电极丝材料有：钼丝、钨丝、黄铜丝。其中钼丝和钨丝应用快速走丝线切割中，而黄铜丝应用于慢走丝线切割。

2. 线切割加工中，工件装夹方式有：悬臂式、两端支撑方式、桥式支撑方式和板式支撑方式。

3. 数控电火花线切割机床加工时的偏移量与切割丝直径和放电间隙有关，计算公式为 $f=d/2+\delta$。

4. 线切割加工时，常用的工作液主要有：<u>线切割专用乳化油和去离子蒸馏水</u>。

5. 数控电火花线切割机床的编程，主要采用 <u>3B</u>、<u>4B</u> 和 <u>ISO</u> 三种格式。

6. 数控线切割机床的 U、V 移动工作台，是具有<u>锥度</u>加工能力的线切割机床的一个组成部分。

7. 为了保障人身安全，在正常情况下，电气设备和安全电压规定为 <u>36V</u>。

8. 刚度是指材料在外力作用下抵抗<u>变形</u>的能力。

得分	评卷人

二、判断题

1. （√）脉冲宽度及脉冲能量越大，则放电间隙越大。

2. （×）目前线切割加工时，应用较普遍的工作液是煤油。

3. （×）在模具加工中，数控电火花线切割加工是最后一道工序。

4. （√）工件的切割图形与定位基准的相互位置精度要求不高是可采用百分表找正的。

5. （√）线切割时，G40、G41、G42 为刀具补偿指令。

6. （√）数控电火花线切割精加工时所用工作液，宜先用水基工作液。

7. （×）数控电火花线切割加工，在一块坯料上切割多个零件时，应沿加工轨迹设置一个穿丝孔。

8. （×）工作图注明 $\phi 25^{+0.02}_{0}$ mm 之孔，则表明孔的平均尺寸为 25mm。

得分	评卷人

三、选择题

1. 线切割加工时，其特点有：<u>D</u>

A. 必须考虑电极损耗　　　　　　B. 不能加工精密细小、形状复杂的零件

C. 需要制造电极　　　　　　　　D. 不能加工盲孔类和阶梯轴类零件。

2. 对于线切割加工，下面说法正确的有：<u>D</u>

A. 线切割加工圆弧时，其运动轨迹是圆弧

B. 线切割加工斜线时，其运动轨迹是斜线

C. 加工斜线时，取加工的终点为编程坐标原点

D. 加工圆弧时，取圆心为编程坐标的原点。

3. 下列各项中对线切割加工精度影响最小的是 <u>C</u>

A. 放电间隙　　　　B. 加工斜度　　　　C. 工具电极损耗　　　　D. 电极丝直径

4. 若线切割加工时单边放电间隙为 0.02mm，钼丝直径为 0.18mm，则加工圆孔时的补偿量为 <u>B</u>

A. 0.10mm　　　　B. 0.11mm　　　　C. 0.20mm　　　　D. 0.21mm

5. 线切割加工直径为 10mm 的圆孔，当补偿量为 0.12mm，加工出实际的孔径为 10.02mm，这种误差可以通过修正补偿量来实现，那么，修正后的补偿量是 <u>D</u>

A. 0.10mm　　　　　　B. 0.11mm　　　　　　C. 0.09mm　　　　　　D. 0.13mm

6. 线切割加工程序编制时，下列计算方向的说法正确的有：<u>A</u>

A. 斜线终点坐标（Xe，Ye），当 |Ye|＞|Xe| 时，计数方向取 Gy；

B. 斜线终点坐标（Xe，Ye），当 |Xe|＞|Ye| 时，计数方向取 Gy；

C. 圆弧终点坐标（Xe，Ye），当|Xe|>|Ye|时，计数方向取 Gx；

D. 圆弧终点坐标（Xe，Ye），当|Ye|>|Xe|时，计数方向取 Gy；

7. 线切割加工编程时，计数长度应为 <u>A</u>

A. 以 μm 为单位　　　B. 以 mm 为单位　　　C. 写足 4 位数　　　D. 写足 6 位数

8. 选择加工表面的设计基准作为定位基准称为 <u>C</u>

A. 基准统一原则　　　B. 互为基准原则　　　C. 基准重合原则　　　D. 自为基准原则

9. HRC 表示 <u>D</u>

A. 布氏硬度　　　B. 硬度　　　C. 维氏硬度　　　D. 洛氏硬度

得分	评卷人

四、编程题

1. 如图 10-1 所示的圆弧，起点坐标（-7.7796，9.1366），终点坐标（11.2919，-4.0612）的圆弧，试分别用 3B 格式和 ISO 格式编制其线切割轨迹程序。

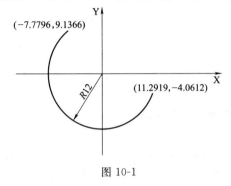

图 10-1

参考答案：

(1) 3B 格式

B7779　B9136　B29074　GY　NR2；

(2) ISO 格式

G03　X11292　Y-4061　I-7779　J9136；

2. 切割如图 10-2 所示的凸模零件，电极丝为 φ0.2mm，单边放电间隙为 0.01mm，编制其 3B 加工程序。

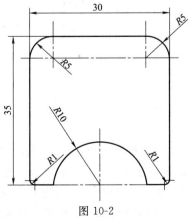

图 10-2

参考答案：

不设穿丝孔，从外切入，起点在左下方，离零件轮廓 5mm 位置。

B5000　B0　　B5000　　Gx　L1

B5220　B0　　B5220　　Gx　L1

B9890　B0　　B19780　Gy　SR2

B4110　B0　　B4110　　Gx　L1

B0　　B1110　B1110　　Gy　NR4

B0　　B29000　B29000　Gy　L2

B5110　B0　　B5110　　Gy　NR1

B20000　B0　　B20000　Gx　L2

B0　　B5110　B5110　　Gx　NR2

B0　　B29000　B29000　Gy　L3

B1110　B0　　B1110　　Gy　NR3

B0　　B5000　B5000　　Gy　L4

DD

得分	评卷人

五、问答题

1. 试分析图 10-3 中各切割路线的优缺点。

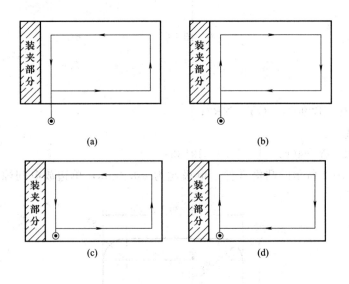

图 10-3

参考答案：

在上述四个方案中，（c）为最佳，（a）次之，（d）再次，（b）为最差。在走路线上，有穿丝孔的切割优于列穿丝孔的切割；先切割远离装夹部分，最后切割装夹附近的部分，优于先切割装夹附近部分，最后切割远离装夹的部分。因为有穿丝孔的切割，工件没有被割断，内应力变形小，发生切割中夹丝、变形等现象小于被割开断的工件，而切割断开的工件部分往往因为内应力重新分布而容易发生变形与夹丝；如果先切割夹持部分附近的轮廓，势必导致工件刚性降低，很容易变形，甚至使后续切割无法进行。

2. 为什么慢走丝切割加工比快走丝加工精度要高？

参考答案：

慢速走丝时，电极丝材料和直径有较大的选择范围，允许较大的峰值电流和气化爆炸力，故电极丝张力均匀，振动较小，加工稳定性、表面粗糙度、精度指标等均较好；而快速走丝速度高，将使电极丝的振动加大，降低精度、切割速度并使表面粗糙度值增加且易造成断丝。

得分	评卷人

六、作图题 （根据图 10-4 所示两视图，补画第三视图）。

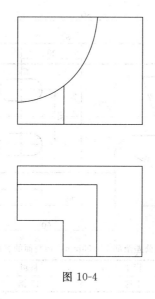

图 10-4

参考答案：

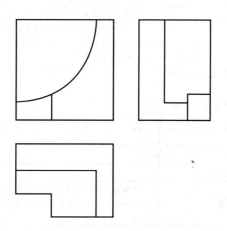

10.2.2 操作题

×××职业技能鉴定

数控线切割中级工操作技能考核试卷

考件编号：＿＿＿＿＿ 姓名：＿＿＿＿ 准考证号：＿＿＿＿＿＿＿ 单位：＿＿＿＿

一、考题

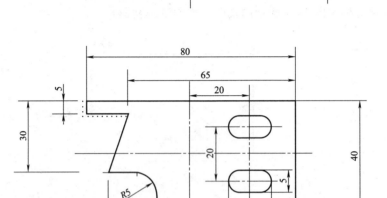

注：加工面未注公差全部±0.03mm，切割面的表面质量 Ra1.6。

名称	模卡	材料	工时
数量	1件	45钢	3小时

图 10-5

二、考核配分与评分标准

考核项目	考核内容及要求	评分标准	配分	检测结果	得分
编程	附后(时间另计)	有格式错误不得分，终止考试	10		
编制工艺 （10分）	答案用白纸附后	从坯料准备起编制，包括走丝路线和电火花规准。每少一项扣1分，扣完10分为止	10		
操作前 准备(20分)	检查电气柜、控制柜及机床各部分讯号是否正常		4		
	检查介质液位是否正确、导轮、导电块是否完好		4		
	钼丝的安装及校正		4		
	安装校正夹具及工具		4		
	检测工、卡、量具的准备		4		
技术要求 （36分）	尺寸精度按图纸要求	每项超差0.01mm扣4分，超差0.02mm扣8分，超差0.03mm扣36分	3×12		

考核项目	考核内容及要求	评分标准	配分	检测结果	得分
技术要求(24分)	表面粗糙度:$Ra1.6$	$>Ra1.6$ 扣 1.5 分;$>Ra2.5$ 扣 3 分	3×4		
	垂直度:0.02	>0.02,$\leqslant 0.03$,扣 1.5 分;>0.03扣 3 分	3×4		
安全文明生产	劳保用品穿戴是否整齐	前 2 项每违反 1 项规定从总分中扣 1~10 分,超时按每 5 分钟扣 5 分计,超过 15 分钟终止考试			
	设备卫生				
	不允许超时				
	违反操作或有事故苗头终止考试				

说明:编程和工艺编制时间,计在考试计时前 40 分钟发卷内,考评人员说明有关注意事项和考试纪律。

考试开始时间:　　　　　　　　　　考试结束时间:
考评员签字:　　　　　　　　　　　　质检员签字:
　　　　　　　　　　　　　　　　　　监考员签字:

三、毛坯准备

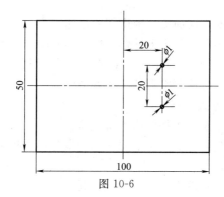

图 10-6

说明:

材料:45 钢,板厚:10mm,正火热处理,磨上、下两面,达 $Ra1.6$。

YH线切割控制系统

附录1　系统简介

　　YH线切割控制系统是采用先进的计算机图形和数控技术，集控制、编程为一体的快走丝线切割高级编程控制系统。

1. YH系统特点

　　（1）上下异形面、大锥度工件加工。锥度切割可达90°（±45°斜度），可任意变锥切割，并具有导轮切点偏移的实时补偿，理论上补偿精度可达 $6\mu m$。

　　（2）双CPU结构，编程控制一体化，加工时可以同机编程。

　　（3）放电状态波形显示，自动跟踪无须变频调节。

　　（4）国际标准ISO代码方式控制。

　　（5）加工轨迹实时跟踪显示，工件轮廓三维造型。

　　（6）独树一帜的屏幕控制台方式，全部操作均用鼠标器实现，方便直观（可配置多媒体触摸屏）。

　　（7）现场数据停电记忆，上电恢复，无须维护。

　　（8）配以国内一流的YH绘图式线切割编程系统。

2. 基本硬件环境

　　486以上IBMPC或兼容机，单或双软驱，VGA彩显（或VGA单显），4M以上内存，鼠标器（MOUSESYSTEM模式）。

3. 电子盘及控制板安装

　　系统提供三块电路板：电子盘，主控制板及光耦接口板。将电子盘、主控板、接口板分别插入主机扩展槽内，接口板的各种信号由DB25和DB15两插座引出。

4. 系统启动

　　开启主机电源，电子盘将自动引导DOS系统。系统启动后，电子盘为D盘，C盘为RAM盘。（配置硬盘的系统，驱动器号顺序后移）

　　警告：电子盘上不得随意擦、写文件，更不能将数据保存到电子盘，否则，可能会造成系统瘫痪。

　　系统启动后，自动进入YH系统界面，界面如图附-1

　　注：① 若系统长期不用，或电路板、芯片插拔后，启动时屏幕上会出现如下提示：

RAM DISK ERROR FINDED!

DO YOU WANT TO RESET THE DISK (ALL DATA IN RAM WILL LOST)? (Y/N)

此时，只要按"Y"键，系统就可自动恢复。

② 鼠标器上最左边的键命名为命令键。

③ 本文中描述的光标点取是指：操作鼠标器，使屏幕上的光标移到指定位置，然后按一下命令键。进入系统后，屏幕上显示主封面屏，系统中各屏幕的关系及进入条件见图附-2。

附录2 控制屏幕简介

本系统所有的操作按钮、状态、图形显示全部在屏幕上实现。各种操作命令均可用鼠标或相应的按键完成。鼠标器操作时，可移动鼠标器，使屏幕上显示的箭状光标指向选定的屏幕按钮或位置；然后按一下鼠标器左边的按钮。下面说明中凡用光标点取均指上述鼠标器操作。现将各种屏幕控制功能介绍如下（参见图附1）。

【显示窗口】 该窗口下显示：加工工件的图形轮廓、加工轨迹或相对坐标、加工代码。用鼠标器点取（或按"F10"键）显示窗口切换标志，红色【YH】，可改变显示窗口的内容。系统进入时，首先显示图形，以后每点取一次该标志，依次为"相对坐标"、"加工代码"、"图形"、……。其中相对坐标方式，以大号字体显示当前加工代码的相对坐标。

【间隙电压指示】 显示放电间隙的平均电压波形（也可以设定为指针式电压表方式，参见"参数设定"节）。在波形显示方式下，指示器两边各有一条10等分线段，空载间隙电压定为100%（即满幅值），等分线段下端的黄色线段指示间隙短路电压的位置。波形显示的上方有二个指示标志：短路回退标志"BACK"，该标志变红色，表示短路；短路率指示SC，表示间隙电压在设定短路值以下的百分比。

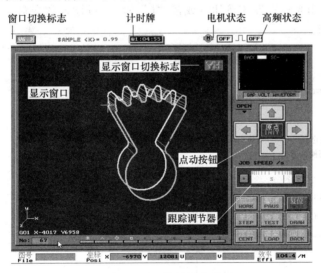

图附-1 YH控制屏幕界面

【电机开关状态】 在电机标志右边有状态指示标志 ON（红色）或 OFF（黄色）。ON状态，表示电机上电锁定（进给）；OFF状态为电机释放。用光标点取该标志可改变电机状态（或用数字小键盘区的"Home"键）。

【高频开关状态】 在脉冲波形图符右侧有高频电压指示标志。ON（红色）表示高频开启，OFF（黄色）表示高频关闭；用光标点取该标志可改变高频状态（或用数字小键盘区的"PgUp"键）。在高频开启状态下，间隙电压指示显示间隙电压波形。

【工作台点动按钮】 屏幕右中部有上下左右向四个箭标按钮可用来控制机床点动运行，每次点动时，机床的运行步数可以预先设定（参见"参数设置"节）。在电机为 ON 的状态下，点取以上四个按钮，可控制机床工作台的点动运行；上下左右四个方向分别代表＋Y/＋V、－Y/－V、－X/－U、＋X/＋U。X—Y 或 U—V 轴系的选取可以设定（"参数设定"节）。

【原点 INIT】 用光标点取该按钮（或按"I"键）进入回原点功能。若电机为 ON 状态，系统将控制丝架回到最近的加工起点（包括 U—V 坐标），返回时取最短路径；若电机为 OFF 状态，光标返回坐标原点，图形重画。

【加工 WORK】 用光标点取该按钮（或按"W"键）进入加工方式（自动）。首先自动打开电机和高频电源，然后进行插补加工。

【暂停 STOP】 用光标点取该按钮（或按"P"键或数字小键盘区的"Del"键），系统将中止当前的功能（如加工、单段、控制、定位、回退）。

【复位 RESET】 用光标点取该按钮（或按"R"键）将中止当前的一切工作，清除数据，关闭高频和电机（注：加工状态下，复位功能无效）。

【单段 STEP】 用光标点取该按钮（或按"S"键），系统自动打开电机、高频，进入插补工作状态，加工至当前代码段结束时，自动停止运行，关闭高频。

【检查 TEST】 用光标点取该按钮（或按"T"键），系统以插补方式运行一步，若电机处于 ON 状态，机床拖板将作相应的一步动作。该功能主要用于专业技术人员检查系统。

【模拟 DRAW】 用光标点取该按钮（或按"D"键），系统以插补方式运行当前的有效代码，显示窗口绘出其运行轨迹；若电机为 ON 状态，机床拖板将随之运动。

【定位 CENT】 用光标点取该按钮（或按"C"键），系统可作对中心、定端面的操作。

【读盘 LOAD】 用光标点取该按钮（或按"L"键），可读入数据盘上的 ISO 或 3B 代码文件，快速画出图形。

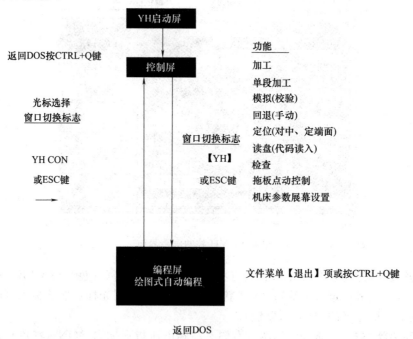

图附-2 屏幕功能转换示意图

【回退 BACK】 用光标点取该按钮（或按"B"键），系统作回退运行，至当前段退完时停止；若再按该键，继续前一段的回退。该功能不自动开启电机和高频，可根据需要由用户事先设置。

【跟踪调节器】 该调节器用来调节跟踪的速度和稳定性，调节器中间红色指针表示调节量的大小；表针向左移动为跟踪加强（加速），向右移动为跟踪减弱（减速）。指示表两侧有两个按钮，"＋"按钮（或"End"键）加速，"－"按钮（或"PgDn"键）减速；调节器上方英文字母 JOB SPEED/S 后面的数字量表示加工的瞬时速度，单位为：步数/秒。

【段号显示】 此处显示当前加工的代码段号，也可用光标点取该处，在弹出屏幕小键盘后，键入需要起割的段号。（注：锥度切割时，不能任意设置段号）。

【局部观察窗】 该按钮（或 F1 键，参见图附-4）可在显示窗口的左上方打开一局部窗口，其中将显示放大十倍的当前插补轨迹；重按该按钮时，局部窗关闭。

【图形显示调整按钮】 这六个按钮有双重功能（见图附-4），在图形显示状态时，其功能依次为：

"＋"或 F2 键　　　　图形放大 1.2 倍
"－"或 F3 键　　　　图形缩小 0.8 倍
"←"或 F4 键　　　　图形向左移动 20 单位
"→"或 F5 键　　　　图形向右移动 20 单位
"↑"或 F6 键　　　　图形向上移动 20 单位
"↓"或 F7 键　　　　图形向下移动 20 单位

【坐标显示】 屏幕下方"坐标"部分显示 X、Y、U、V 绝对坐标值。

【效率】 此处显示加工的效率，单位：毫米/秒；系统每加工完一条代码，即自动统计所用的时间，并求出效率。将该值乘上工件厚度，即为实际加工效率。

【窗口切换标志】 光标点取该标志或按"ESC"键，系统转换成 YH 绘图式编辑屏幕。若系统处于加工、单段或模拟状态，则控制与编程切换，或在 DOS 环境下（按 CTRL＋"Q"可返回 DOS 状态）的其他操作，均不影响控制系统本身的工作。

附录 3　系统操作过程

1. 读入代码文件

将存有代码文件（在编程中通过代码存盘存入）的数据盘（可用随机的盘片）插入 A 驱动器，按【读盘】钮，选择 ISO 代码，屏幕上出现该数据盘上全部 ISO 代码文件名的参数窗，将箭形光标移至选定的文件名（例如：DEMO），按鼠标器上的命令键后，该文件名变黄色。然后按参数窗左上角的【撤销】钮"■"，系统读入该代码文件，并在屏幕上绘出图形。

2. 模拟校验

按【模拟】（或"D"键），系统以插补方式快速绘出加工轨迹，以此可验证代码的正确性。

3. 机床功能检查

（1）用光标电器屏幕上方的电机状态标志（或按小键盘区的 Home 键），使得该指示标志呈红色"ON"。检查机床手柄，各相电机应处于锁定状态。用光标再点该标志，恢复"OFF"，电机均应失电。

（2）用光标点取屏幕上方的高频标志（或按小键盘区的 PgUp 键），使得该标志成为红色"ON"，屏幕间隙电压波形指示应为满幅等幅波（若不满幅，应调整间隙电压取样部分的有关参数，该参数出厂时已设置，用户不应随意调整）。机床工件、钼丝相碰时应出现火花，同时电压波形出现波谷，表示高频控制部分正常。

（3）关闭高频"OFF"，开启电机"ON"，再按【模拟】钮，机床应空走，以此可检验机床有否失步及控制精度等情况。

4. 加工

本系统的主要调整部分为屏幕上的跟踪调节器，该表两侧有两个调整按钮，"＋"表示跟踪加强，"－"表示跟踪减弱。在正式切割前，应将表针移至中间偏右位置。

（1）机床、工件准备就绪后，按【加工】或"W"键（若需要计算加工工时，应首先将计时牌清零——用光标点取计时牌或按"F9"键），即进入加工状态（系统自动开启电机及高频）。

进入加工态后，一般有以下几种情况：

① 非跟踪态——间隙电压满幅，加工电流为零或很小，屏幕下方的加工坐标无变化。

处理：按跟踪加强钮"＋"（或"End"键），表针左移，直至间隙波形（电压）出现峰谷，坐标开始计数。

② 欠跟踪态——加工电流过小，且摆动。

处理：按跟踪加强钮"＋"（或"End"键），直至加工电流、速度（跟踪调节器上方的瞬时速度值）稳定。

③ 过跟踪态——经常出现短路回退。

处理：按跟踪减弱钮"－"（或"PgDn"键），使得加工电流刚好稳定为止。

（2）若需要暂停加工可按"暂停"按钮或按"P"或"Del"键；再按"加工"钮可恢复加工。

5. 加工时各种参数显示

（1）加工坐标——屏幕下方显示加工的 XYUV 绝对坐标。用光标选取显示窗口的显示切换【YH】标志（或"F10"键），显示窗口内显示各程序段的相对坐标。

（2）局部跟踪轨迹显示——按显示窗下方的【□】钮（或"F1"键），屏幕出现一局部放大窗口，窗口中动态显示当前跟踪的轨迹，重按【□】钮时，局部窗口消失。

（3）间隙电压观察——屏幕右上方为间隙电压显示窗口，窗口的两侧有两条等分线（10格），下端为黄色，其高度为设定的短路电压值（此值可根据实际高频及机床参数设置）。

（4）加工速度——跟踪调节器上方显示机床的实时插补速度（只计 XY 轴），单位为步数/秒。

附录4　系统功能使用

1. 加工代码读入

将存有加工代码文件的软磁盘插入数据盘驱动器（一般为 A 驱动器），用光标点取【读盘】钮（或"L"键），选择代码制式后（注：代码可以是 ISO 或 3B 格式，代码文件名的扩展名必须为 .ISO 或 .3B），屏幕将出现磁盘上存贮的全部代码文件名的数据窗，如图附-3。用光标指向需读取的文件名，轻点命令键，该文件名背景变成黄色；然后用光标点取该数据窗左上角的【■】（撤销）钮，系统自动读入选定的代码文件，并快速绘出图形。

该数据窗的右边有上下两个三角标志"△"按钮，可用来向前或向后翻页，但代码文件不在第一页中显示时，可用来翻页选择。

注意事项：若数据盘驱动器读入故障（例：驱动器小门未关、数据盘放置不当、数据盘损坏、数据盘路径选择不当等），屏幕上将出现一报警窗口，显示"设备错误"提示。此时可检查盘片、驱动器、或数据盘设置等，排除故障后，点取报警窗口的"Yes"按钮，报警窗消失，然后重新操作。

图附-3　文件选择窗

2. 模拟检查

模拟检查功能可检验代码及插补的正确性。在电机失电态下（OFF 状态），系统以每秒 2500 步的速度快速插补，在屏幕上显示其轨迹及坐标。若在电机锁定态（ON 状态），机床空走插补，可检查机床控制联动的精度及正确性。"模拟"操作的方法：

（1）读入加工程序；

（2）根据需要选择电机状态后，按【模拟】钮（或"D"键），即进入模拟检查状态。

屏幕下方显示当前插补的 X-Y、U-V 坐标值（绝对坐标），若需要观察相对坐标，可用光标点取显示窗右上角的【显示切换标志】（或"F10"键），系统将以大号字体显示当前插补的相对坐标值，显示窗口下方显示当前插补代码及其段号。

在图形显示方式下（点取【显示切换标志】，可交替地处于图形/相对坐标显示方式）点取显示调节按钮最左边的局部观察钮（或"F1"键），可在显示窗口的左上角打开一局部观察窗，在观察窗内显示放大十倍的插补轨迹。

在模拟过程中，按"＋"或"－"键（电机为"ON"状态），可调节模拟的速度。

若需中止模拟过程，可按【暂停】钮。

3. 加工操作

工件安置完毕，程序准备就绪后（已模拟无误），电极丝已安装并调整到位，可进入加工。

按下【加工】钮（或"W"键），系统自动打开高频和驱动电源，开始插补加工。

（1）此时应注意屏幕上间隙电压指示器的间隙电压波形（平均电压波形）和加工电流。若加工电流过小且不稳定，可用光标点取跟踪调节器的"＋"按钮（或按"End"键），加强跟踪效果。反之，若频繁地出现短路等跟踪过快现象，可点取跟踪调节器的"－"按钮（或"PgDn"键），直至加工电流、间隙电压波形、加工速度平稳。

（2）加工状态下，屏幕下方显示当前插补的 X-Y，U-V 绝对坐标值，显示窗口绘出加工工件的 2 维或 3 维插补轨迹。

（3）显示窗下方的调节按钮可调整插补图形的大小和位置，或者开启/关闭局部观察窗。

（4）点取显示切换标志，可选择图形/相对坐标显示方式。显示窗状态切换后，先前窗内显示的轨迹造型线将消失，屏幕上仅有当前插补轨迹。

（5）大厚度工件的切割：切割大厚度工件时，由于排屑困难，会造成加工不稳。此时，可以降低（限制）机床的最大速度，使得加工速度较为平稳。具体方法：

（6）加工时，按"＋"键：提高最大速度。按"－"键：降低最大速度。每次按键后，屏幕上显示 MAX：＊＊＊，数值表示当前最大加工速度（步数/秒）。

（7）在控制屏幕上方有一行提示 SAMPLE<K>＝0.85 其中 K＝0.85 表示采样部分的放大系数，用键盘上的"<"，">"键可以调节该系数的大小，通过调节该系数，可适应不同的高频电源和工件厚度。若间隙电压波形在峰与谷之间跳动，一般可降低放大系数。

注：最大速度一般应设为实际最大加工速度的 1～1.5 倍（跟踪调节器上方显示加工的实际加工速度）。

4. 单段加工

工件、程序准备就绪，按下【单段】钮（或"S"键），系统自动打开高频和驱动电源，开始插补加工。跟踪调节器的使用以及间隙波形、加工坐标的显示都与"加工"相同，当前程序段加工结束，系统自动关闭高频，停止运行。再按【单段】，继续进行下段加工。

如在加工状态下按【单段】钮，系统执行本条停功能（加工至当前代码段结束）。

5. 回退功能

系统具有自动/手动回退功能。

在加工或单段加工中，一旦出现高频短路情况，系统即停止插补。若在设定的控制时间（参见机床参数设置）内短路达到设定的次数（可由屏幕设定，例：90%——参见"机床参数设置"）。系统将自动回退（回退的速度可屏幕设定——参见"机床参数设置"）。若在设定的控制时间内，仍不能消除短路现象，将自动切断高频，停机。

系统处在自动短路回退状态时，间隙指示器（波形方式显示时）上的回退标志将显红色，插补轨迹也为红色（彩显版本）。

在系统静止状态（非【加工】或【单段】），按下【回退】钮（或"B"键），系统作回退运行。速度恒定为系统设置值，回退至当前段结束时，自动停机。

6. 自动定位（中心、端面）

系统可依据屏幕设定，自动定中心及±X、±Y 四个端面。

定位方式选择：

（1）用光标点取参数窗标志【OPEN】（或按"O"键），屏幕上将弹出参数设定窗，可见其中有【定位 LOCATION XOY】一项。

（2）将光标移至"XOY"处轻点命令键，将依次显示为 XOY-定中、XMAX-正 X 向对边、XMIN-负 X 向对边、YMAX-正 Y 向对边、YMIN-负 Y 向对边。

（3）选定合适的定位方式后，用光标点取参数设定窗左下角的 CLOSE 标志。

（4）定位：光标点取电机状态标志，使其成为"ON"（原为"ON"可省略）。按【定位】钮（或"C"键），系统将根据选定的方式自动运行。在钼丝遇到工件某一端面时，屏幕会在相应位置显示一条亮线。按【暂停】钮可中止定位操作。

7. 检查功能

按下检查钮，系统以单步插补方式运行。若电机状态为"ON"，将控制机床相应的动作。此方式下可检查系统插补及机床的功能是否正常。

8. 机床拖板点动控制

屏幕右侧中部有上、下、左、右向四个箭标（点动）按钮，光标点取这四个按钮可以控制机床拖板作点动或定长走步（在电机失电状态"OFF"下，点取点动按钮，仅用作坐标计数）。

用光标点取参数窗标志【OPEN】（或"O"键），系统打开的参数窗中有"点动 STEPS (10) ＊项"，用光标点取灰色窗内的 ＊号，将依次变更为 ＊、0、1、2、3，其意义如下：

0——单步	3——1000 步（μm）
1——10 步（μm）	＊——拖板移动直至松开鼠标器按键

2——100 步（μm）

9. 图形显示的缩放及移动

在图形显示窗下方有十个小按钮，如图附-4 所示。从"近镜"窗开启/关闭按钮开始（仅在模拟或加工态下有效），其余依次为放大、缩小、左移、右移、上移、下移，可根据需要选用这些功能，调整在显示窗口中图形的大小及位置。具体操作可用鼠标器点取相应的按钮，或直接按 F1、F2、F3、F4、F5、F6、F7 键。

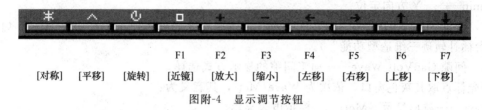

| | | | F1 | F2 | F3 | F4 | F5 | F6 | F7 |
| [对称] | [平移] | [旋转] | [近镜] | [放大] | [缩小] | [左移] | [右移] | [上移] | [下移] |

图附-4　显示调节按钮

10. 代码的显示、编辑、存盘和倒置

用光标点取显示窗右上角的【显示切换标志】（或"F10"键），显示窗以此为图形显示、相对坐标显示、代码显示（模拟、加工、单段工作时不能进入代码显示方式）。

在代码显示状态下用光标点取任意有效代码行（代码意义参阅"人工编程"）。该行即点亮，系统进入编辑状态，显示调节功能钮上的标记符号变成：S、I、D、Q、↑、↓，各键的功能变换成：

S——代码存盘

I——代码倒置（倒走代码变换）

D——删除当前行（点亮行）

Q——退出编辑态

↑——向上翻页

↓——向下翻页

在编辑状态下可对当前点亮行进行输入、删除操作（键盘输入数据）。

编辑结束后，按 Q 键退出，返回图形显示状态。

11. 功能设置

用光标点取参数窗标志【OPEN】（或按"O"键），屏幕上打开参数窗，可见如下参数：

机床参数 MACH. DATA——参见"机床参数设置"。

（1）步距 STEP（10）＊——设置拖板点动按钮的步数。用光标点取灰色窗口，依次出现 ＊、0、1、2、3。其意义分别为：

＊——按钮按下，电机连续运转，直至按钮释放。

0——按钮按一次，电机运转 1 步。

1——按钮按一次，电机运转 10 步。

2——按钮按一次，电机运转 100 步。

3——按钮按一次，电机运转 1000 步。

（2）点动 MANUAL XY——设置拖板点动按钮的轴系。

用光标点取其灰色窗口，依次为 XY、UV，其意义为：

XY——点动按钮，控制 XY 方向电机。

UV——点动按钮，控制 UV 方向电机。

（3）定位 LOCATION XOY——设置定位方式。

用光标点取其灰色窗口，依次为 XOY Xmax Xmin Ymax Ymin，其意义为：

XOY——型腔中心定位

Xmax——＋X 方向定位

Xmin——－X 方向定位

Ymax——＋Y 方向定位

Ymin——－Y 方向定位

（4）三维 3D-MODEL——加工轨迹的三维造型功能。可选择"Yes"或"No"（详见"控制台插补轨迹三维造型功能"）。

（5）间隙 GapVolt Wave——加工间隙的显示方式选择。

用光标点取其灰色窗口，依次为 Wave/Metr，其意义为：

Wave——波形显示　Metr——模拟电表显示

（6）锥补 TaperMod Yes/No——锥度加工时，导轮切点偏移的补偿开关设置。（注：导轮切点的正确补偿取决于"机床参数"中设置的"线架高度 FRAME HIGH"和"导轮半径 WHEEL Radius"）。开机时为 No 状态，需要补偿时，点取该项，使之成为 Yes。

（7）清角 Acute Yes/No——对于工件轮廓边缘有清角要求的工件，可打开此功能。开机为 No 状态，点取该项，使之为 Yes（注：清角的具体实现，取决于机床参数设置中的 Acute Wait TM 项）。

（8）检查 Check Yes/No——打开该功能，主机系统对控制器的插补轨迹进入动态检查。若发现不正常，即停机报警"数据出错"。

（9）自动 Auto Yes/No——打开该功能，系统自动调整跟踪度和最大速度这两项参数。使得系统在复杂的工况下，也能正常工作。

12. 机床参数设置

用光标点取参数窗标志【OPEN】，屏幕上打开参数窗，再用光标点取"机床参数"，系统将再打开一参数窗。

（1）X/Y/U/VAxis GAP：X-Y-U-V 轴系的齿隙值（以步数为单位），该值用于步进电机变换运转方向时补偿齿隙误差。

（2）Ctrl TIME（s）：控制时间，设定单位为秒，该值主要用于控制短路自动回退的调整及处理；参见下面"BACK ENABLE V"项。

（3）ShortCut SetV：短路设定值，该值设定钼丝与工件短路时，其采样电路的电平幅度，单位为满幅的百分比。高频打开，钼丝未与工件接触时，在间隙电压指示器上的间隙电压波形应接近满幅（10 小格），当钼丝与工件短路时，其间隙指示器上的幅值即为短路值。据此可设定短路设定值（%）。

（4）BACK ENABLE V：在设定的控制时内（Ctrl TIME），系统每次采样检测到的间隙电压，其低于短路设定值（ShortCut SetV）的比率大于等于该值时，系统开始自动回退。

（5）Max. M-SPEED：此值设定步进电机的最高插补速度，单位：步/秒。

（6）Back SPEED：此值设定步进电机回退的最大速度，单位：步/秒。

（7）FRAME HIGH：机床的丝架高度（两导轮间的中心距，单位：毫米）。

（8）WHEEL Radius：机床导轮的半径，单位：毫米。

（9）POWER AutoOFF：此值为加工结束时，全机停电前的等待时间，单位：秒。

（10）Max. ManualSPD：机床最大点动速度，单位：步/秒。

（11）Acute Wait TM：此值为每条代码插补结束时的等待时间（注：清角功能打开时生效）。

　　* 警告：机床参数设置值由厂方调整设定，用户不得随意更动，否则将使机床无法正常工作。

　　*　开机时，若显示窗口出现"Controller Coef ERROR!"

　　表示控制器内保存的机床参数已丢失。此时必须重新进行机床参数设置，否则不能保证机床的正常工作。

13. 计时牌的使用

系统在【加工】、【模拟】、【单段】工作时，自动打开计时牌。中止插补运行，计时自动停止。用光标点取计时牌（或按"O"键），可将计时牌清"0"。

14. 反向切割处理

读入代码后，连续点取显示窗口切换标志【YH】或按"F10"键，直至显示加工代码。用光标在任一行代码处轻点一下，该行点亮。窗口下面的图形显示调整按钮标志转成 S、I、D、Q 等；按"I"钮，系统自动将代码倒置（注：上下异形件代码无此功能）；按"Q"钮退出。窗口返回图形显示。在右上角显示倒走标志"▼"，表示代码已倒置。代码倒置后，【加工】、【模拟】、【单段】均以反向方式工作。

15. 断丝处理

加工遇到断丝时，可按【原点】（或按"I"键），丝架将自动返回最近起割点，锥度丝架自动回直（注：断丝后切不可关闭电机，否则将无法正确返回原点）。若工件加工已将近结束，可将代码倒置后，再行切割（反向切割）。

16. 清角处理

对于轮廓边缘（棱边）要求较高的工件，可采用系统提供的清角功能。该功能的运用需要"机床参数中 Acute Wait TM"项的参数和清角"Yes"设置。

机床参数"Acute Wait TM"的定义——当前代码段加工结束后的等待时间，单位毫秒 ms。该参数选定后，在需要清角处理功能时，打开【OPEN】窗口，在"清角 Acute"一栏，用光标点取其灰色小框，使之成为"Yes"即可。

17. 大锥度补偿

该功能用于大锥度（6 度以上）U 向导轮切点偏移引起的误差，在使用该功能前，应先检查机床参数部分"FRAME HIGH"——丝架高度，和"WHEEL Radius"——导轮半径（均以毫米为单位）是否与机床实际尺寸一致，若不一致，应更新输入该两参数。

在参数已正确选定的前提下，在需要进行切点补偿的加工前，打开【OPEN】参数窗，在"锥补 TaperMod"一栏，用光标点其灰色小框，使其成为"Yes"即可。

18. 返回 DOS

若需要返回 DOS 系统，可按 CTRL＋Q 键（同时按"CTRL"和"Q"键）。

19. 3B 代码的直接输入

按控制台【复位】钮，清除屏幕。在用光标点取显示窗右上方的显示切换标志【YH】两次（或按"F10"键两次），屏幕显示窗成空白状（进入代码编辑状态）。

用光标点取显示窗的首行位置，第一行将点亮。此时，可用键盘输入 3B 指令，每行一条代码，以回车键结束一行的输入；3B 代码必须书写规范，不能采用简写。

全部代码输入完成后，用光标点取显示窗下方的"Q"按钮；系统将输入的 3B 代码自动转换成 ISO 代码，并绘出图形。

20. 3B 代码的输出

控制台可将 ISO 代码转换成 3B 代码，并将其直接输送到打印机，穿孔机，其他控制台或存盘保存。操作方法如下：

用光标点取显示窗右上角的显示切换标志【YH】（或"F10"键）两次，窗口显示当前 ISO 代码。用光标点取任一有效代码行，该行点亮。系统进入编辑状态。再用光标点取显示窗下方的【□】钮，系统自动将 ISO 代码转化成 3B 代码，屏幕上弹出输出菜单（代码显示、打印、存盘、穿孔、控制台输出），可根据需要选择相应的功能。

21. 图形的旋转、平移与对称

在图形显示调节钮的左边有图形旋转，图形平移和图形对称三个功能钮（图附-4）。

"∧"——平移功能

光标点取该钮，屏幕上弹出平移距离输入窗，如图附-5。光标点取窗口中的 X/Y 项，弹出小键盘后，可分别输入 X/Y 平移距离，光标点取该参数窗左上角的撤销标志，图形将根据输入量自动平移，并且在当前坐标处至图形起点间自动插入平移（直线 G01）代码。

"○"——旋转功能

光标点取该钮，屏幕上弹出旋转角度输入窗，如图附-6 所示。输入角度后，图形自动旋转。

"＊"——对称功能

图附-5　输入平移距离

图附-6　输入旋转角度

光标点取该功能，弹出子菜单，可分别选择关于"原点"、"X 轴"、"Y 轴"作对称处理。

22. 工件轮廓三维造型

本系统具有三维造型功能，光标点取参数设置【OPEN】标志，在打开的参数窗内，光标点取"三维 3D-MODEL"项，使之变为"Yes"，同时屏幕弹出如图附-7 示参数窗。窗口中各项参数的意义如下：

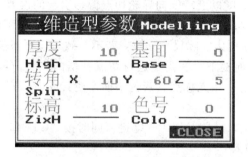

图附-7　轮廓三维造型

厚度——工件的实际厚度

基面——工件下平面与下导轮中心的距离。

转角——X/Y/Z 三个坐标轴的空间旋转角度。

标高——工件投影的显示比例。

色号——造型的颜色选择。

参数选择后，光标点取".CLOSE"标志退出设置窗。

注：一般情况下，屏幕显示的加工轨迹都是上下导轮的运动轨迹。但是，上下异形工件的导轮轨迹与工件实际相差甚远。因此，可以利用三维造型功能，准确地描绘工件任意截面上的轮廓轨迹。

要准确地描绘工件实际形状，还必须正确地设置"机床参数"中的"FRAME HIGH"项（参见"机床参数设置"一节）。

附录5 加工程序手工编制

1. 编程切换

用光标点取屏幕左上角【V6.2】窗口切换标志（或按"Esc"键），系统将转入编程屏幕，即 YH 绘图式线切割编程系统。在编程操作的同时，控制台将不受干扰地依照设定的参数和状态运行。

编程窗口的左上角也有一同样的【YH-6】窗口切换标志。用光标点取该标志（或按"Esc"键），系统将在屏幕左下角弹出一窗口，显示控制台当前的坐标值和当前代码段。该窗口的右下方有一标记【CON】，若用光标点取该【CON】（或按"Esc"键），即返回控制屏幕，若点取该弹出窗口左上角的【-】标记，关闭该窗口。

2. 手工编程

（1）基本指令格式：

本控制台所采用的代码是国际通用 ISO 代码。其格式如下：

G92X_____ Y_____   ：以相对坐标方式设定加工坐标起点。

G27   ：设定 XY/UV 平面联动方式。

G01X_____ _____ （U_____ V_____）   ：直线插补指令。

　XY 表示在 XY 平面中以直线起点为坐标原点的终点坐标；

　UV 表示在 UV 平面中以直线起点为坐标原点的终点坐标。

G02X_____ Y_____ I_____ J_____ ：顺圆插补指令；

G02U_____ V_____ I_____ J_____

以圆弧起点为坐标原点，XY（UV）表示终点坐标，IJ 表示圆心坐标。

G03X_____ Y_____ I_____ J_____   ：逆圆插补指令

M00：暂停指令

M02：加工结束指令

（2）举例说明

以图附-8 为例，工件轮廓如图所示，加工起点（0，30），顺时针方向切割，可编程如下。

G92 X0 Y30000

G01 X0 Y10000

G02 X10000 Y－10000 I0 J－10000

G01 X0 Y－20000

G01 X20000 Y0

G02 X0 Y－20000 I0 J－10000

G01 X－40000 Y0

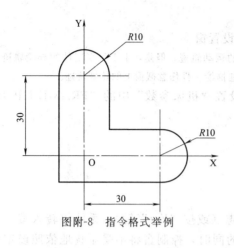

图附-8 指令格式举例

G01 X0 Y40000
G02 X10000 Y10000 I10000 J0
G01 X0 Y－10000
M00
M02

手工编程是在代码显示/编辑状态情况下进行。

在非【模拟】、【加工】、【单段】状态下，光标轻点显示窗右上角的【显示切换标志】（红色的 YH）（或按"F10"键），窗口显示相对坐标。再点【显示切换标志】，显示当前 ISO 代码。

3. 程序编辑

光标点取其中的一条代码，使之点亮。移动光标，代码行随光标点亮。将光标移至需修改的某一条代码上，按键盘上的回车键（或鼠标器的命令键），在亮条下方显示一条红线，即可输入代码。如直接按回车键，在两条代码间插入一空行；如输入代码数据后按回车键（此处按鼠标器命令键无效），则用新建入的代码替换原代码。完成全部代码输入后，光标移至显示窗下方的"S"钮，按命令键，屏幕弹出图号输入框，用光标在小键盘上输入当前代码文件的图号（单数字无效），按回车键存盘。光标按"Q"键退出，系统显示修改后的代码图形。

其过程可归纳如下：

（1）修改代码——a. 选取需修改的代码（点亮后按回车键，使之亮条下边出现一红线）。

b. 重新输入该行代码（一旦键入一字符，原行代码全部消失）。

（2）删除代码——a. 选取需删除的代码（点亮后，按回车键）。

b. 用光标点取"D"钮，系统自动删去该行，下续行自动上移。

（3）插入代码——a. 选取需插入的代码所在行（在选定行的前面插入）。

b. 出现红线后再按回车键，系统将插入一定行，该行自动点亮。

注：在当前点亮行可输入代码。

附录6　加工程序自动编制

在控制屏幕中用光标点取左上角的【V6.2】窗口切换标志（或按"Esc"键），系统转入 YH 编程屏幕。

附6.1　YH 系统自动编程功能简介

YH 系统的全部操作集中在 20 个命令图标和 4 个弹出式菜单内。它们构成了系统的基本工作平台（见图附-9 系统主屏幕）。

系统的全部绘图和一部分最常用的编辑功能，用 20 个图标表示。其功能分别为（自上而下）：点、线、圆、切圆（线）、椭圆、抛物线、双曲线、渐开线、摆线、螺线、列表曲线、函数方程、齿轮、过渡圆、辅助圆、辅助线，共 16 种绘图控制图标；剪除、询问、清理、重画四个编程控制图标。

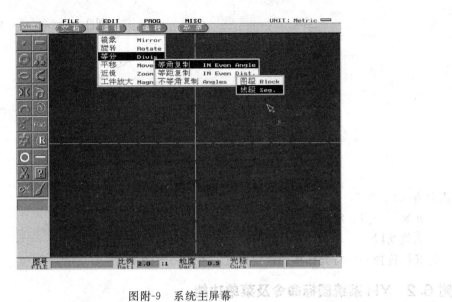

图附-9　系统主屏幕

4个菜单按钮分别为文件、编辑、编程和杂项。在每个按钮下，均可弹出一个子功能菜单。各菜单的功能见图附-10。

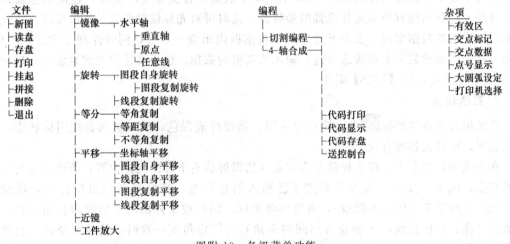

图附-10　各级菜单功能

在系统主屏幕上除了20个图标和四个菜单按钮外，下方还有一行提示行。用来显示输入图号，比例系数、粒度和光标位置。

YH系统操作命令的选择，状态、窗口的切换全部用鼠标器实现。（为以后叙述方便起见称鼠标器上的左按钮为命令键，右按钮为调整键），如需要选择某图标或按钮（菜单按钮、参数窗控制钮），只要将光标移到相应位置轻按一下命令键，即可实现相应的操作。

本系统的专用名词：

图段——屏幕上相连通的线段（线或圆），称作图段，见图附-11。

线段——某条直线或圆弧，见图附-11。

粒度——作图时参数窗内数值的基本变化量。（注：粒度为0.5时，作圆时半径的取值

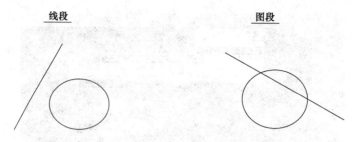

图附-11　图段和线段

依次为 8.0，8.5，9.0，9.5……）

元素——点、线、圆。

无效线段——非工件轮廓线段。

光标选择——将光标移到指定位置，再按一下命令键。

附 6.2　YH 系统图标命令及菜单功能

1. 点输入

在点图标状态下（光标放在该图标上，轻按命令键，使之变色），将光标移至绘图窗，屏幕下方的坐标提示行将显示光标当前 X-Y 数值。移至需要的位置，轻按鼠标器命令键。屏幕上将跳出标有当前光标位置的参数窗。这时可对光标位置作进一步的修改（将光标移至需要修改的数据框内，点一下命令键。数据框内出现一黑线，同时浮现小键盘。然后，用光标在小键盘的数字上轻按命令键，输入所需的数据。也可直接用大键盘输入，以回车键结束）。完成后，以【YES】退出。

2. 直线输入

将光标移到直线图标内，轻点命令键，该图标成深色，表示进入直线图标状态。在此状态下，可输入各种直线。

在直线图标状态下，将光标移至指定点（依据屏幕右下方的光标位置；若该点为另一直线的端点，或某一交点，或为点方式下已输入的指定点，光标移到该点位置时，将变成"×"形）。按下命令键（不能放），继续移动光标，同时观察弹出的参数窗内斜角一栏，当其数值（注：指该直线与 X 轴正方向间的夹角）与标定角度一致时，释放命令键。直线输入后，如果参数有误差，可用光标选择参数窗内的对应项（深色框内），轻点命令键后，用屏幕上出现的小键盘输入数据，并以空格键结束。参数全部无误后，按【YES】钮退出。

直线输入方式主要有：二点式，圆斜式，平行线（已知一直线和相隔距离），公切线，直线延伸等方式。

3. 圆输入

将光标移到圆图标内，轻点命令键，该图标成深色，表示进入圆图标状态。在此状态下，可输入各种圆。

与直线输入一样，圆输入也有许多种方法，以标定圆为例，说明如下。

标定圆（已知圆心，半径）：在圆图标状态下，将光标移至圆心位置（根据光标位置值，或光标到达指定点时变成"×"形），按下命令键（不能放），同时移动光标，在弹出的参数窗内将显示当前圆的半径，屏幕上绘出对应的圆（当光标远离圆心时，半径变大；当光标靠近圆心时，半径变小）。至指定半径时，释放命令键，定圆输入完成。若输入精度不够，可用光标选择相应的深色参数框，用屏幕小键盘输入数据。参数确认后，按【YES】钮退出。

此外，还有单切圆（已知圆心，并过一点），单切圆（已知圆心，并与另一圆或直线相切），二切、三切圆，弧段变圆等输入方法。

4. 切线、切圆输入

将光标移到切线/圆图标 ，点一下命令键，该图标呈深色，即进入切线/圆状态。在该图标状态下可以输入公切线和各种切圆。切圆的种类有过两点、过一点且与一线（圆）相切、两线（圆）相切、三点圆等二切圆和三切圆。

5. 二圆公切线

将光标移到任一圆的任意位置上，待光标呈手指形时，按下命令键（不能放），再移动光标至另一圆周上，根本呈手指形后释放。在两圆之间出现一条深色连线，再将光标（已成"田"形）移至该连线上，光标变成手指形时轻点命令键（一按就放），即完成公切线输入。生成的合切线与所画的连线相似（注：由于二个圆共可生成四条不同的公切线，所以连线的位置应当与实际需要的切线相似，系统就可准确地生成所需的公切线）。

6. 非圆曲线的输入

光标点取椭圆，双曲线，抛物线，摆线，螺线，渐开线，齿轮，列表点，函数方程图标，系统进入非圆曲线输入方式。

非圆曲线输入方式下屏幕上将跳出一专用窗口（特殊曲线输入窗，如图附-11）。该窗口由以下部分组成：

（1）绘图窗——用来显示各种标准化的曲线；

（2）命令按钮——有三个命令按钮：认可、清除、退出；

（3）变换参数窗：

中心坐标——该专用曲线窗口中显示的图形中心返回到主屏幕上的坐标。

旋转角度——从专用窗口返回的曲线在主屏幕上的旋转角度（单位：度）。

起点、终点——当前输入曲线的起、终点坐标（X-Y 或角度）。

拟合精度——非圆曲线的拟合精度（单位：毫米）。

在专用窗的上边有二个方形标志。右边的是放弃按钮，它的功能与圆、直线等曲线输入时参数窗上的标志相同——表示放弃当前的输入，返回主屏幕。左边的是键盘切换标志，它能选择性地采用鼠标（屏幕）键盘或大键盘输入。

有些工件要求其特殊曲线有一个偏移量。在特殊曲线的参数输入认可后，可以在屏幕上弹出的偏移量提示下，用键盘输入。

偏移量的符号根据工件形状确定，偏向曲线中心方向为"－"，反之取"＋"。若无须偏移，直接按"　"键即可。

例如椭圆输入：在椭圆图标 状态下，屏幕弹出椭圆输入窗。光标移至 a 半轴边的深色框上轻点命令键，框内出现一条黑线，同时弹出小键盘。用光标把 a 半轴参数输入（也可直接用大键盘输入，以下同），再输入 b 半轴参数。屏幕上显示相应的椭圆图形，按【认可】确认，即在绘图窗内画出标准椭圆图形。根据实际图纸尺寸，可以设置对应的中心和旋转角度。中心——椭圆中心在实际图纸上的坐标值。旋转——椭圆在实际图纸上的旋转角度。参数设置完成后，按【退出】钮，返回主窗口，若要撤销本次输入，可用光标点取放弃按钮。

7. 列表曲线

在列表曲线图标 状态下，屏幕弹出列表曲线输入窗。标准参数窗上共有四个可控制输入部分，第一框为坐标轴系选择，用光标轻点该框，可交替地选取 XY 坐标或极坐标。在 X-Y 坐标系下，输入 X-Y 值。在极坐标轴系下，输入极径 r 和极角 α。点号部分，可用来选择对某个特定数据进行输入、修改（例：修改第 102 个坐标点）。参数窗右边的第二个上下三角按钮可以控制输入（编辑）点号的递增和递减。起、终点分别为列表曲线起、终点处的方向角（一般可取 0，由系统自动计算得到）。按【认可】，在随之弹出的拟合方式选择中，选取"圆弧"或"直线"，绘图窗口即出现拟合曲线。若图形无误，设定中心及旋转角度后，按【退出】钮返回主屏幕。

列表曲线有自动记忆功能，对输入的点自动存盘。这样对点数很多的列表曲线，可以先按次序输入前面一部分的点，然后【认可】、【拟合】、【退出】，系统自动存盘。开机重新进入，把前次存盘的软盘插入，进入列表曲线参数窗，窗内显示前次输入的点。依次输入后面部分的点（如第一次输入到 105 点，第二次光标直接轻点序号框，输入 106，然后，依次输入余下的数据），以完成整个列表曲线。

输入新的图形时，先按【清除】钮，把点清除，再依次输入新的点。

8. 齿轮输入

在齿轮输入图标 状态下，屏幕弹出齿轮输入输入窗。在参数窗下，输入模数、齿数、压力角、变位系数。【认可】后，窗口中出现基圆半径、齿顶圆半径、齿根圆半径、渐开线起始角、径向距等参数，其中除基圆外都可修改。修改方法：光标轻点该数据，出现一条横线，输入所需的数据。按【认可】钮后，窗口生成单齿，并询问齿数。选取生成齿轮的实际齿数后（系统生成的第一个齿在 Y 轴正方向上，余下的齿以逆时针方向旋转生成），设定中心及旋转角度后，按【退出】钮返回主屏幕。

9. 删除线段

选择删除图标 ，屏幕左下角出现工具包图标，移动鼠标，可从工具包中取出剪刀形光标。将光标移至需删除的线段上，光标成手指形，该线段变红色。此时按命令键删除该线段；按调整键以交替方式删除同一线上的各段（同一线上以交点分段）。完成后，将剪刀形光标放回工具包，轻点命令键退出。

也可以将光标移入键盘命令框，在弹出的数据框中，直接键入需删除的线段号，该线段即删除。若需删除某一点，可在点号前加上字母"P"。

10. 查询

在 图标状态下，光标移至线段上（成手指形）按命令键，将显示该线段的参数（此时可对该线段数据进行修改）。

移到交点处（成"×"形）显示交点的坐标，及与该交点相关连的线号。

以【认可】钮退出。按【撤销】钮时，将删除整个线段。

11. 编辑按钮

（1）镜像

根据菜单选择，可将屏幕图形关于水平轴、垂直轴、原点或任意直线作对称复制。

指定线段的对称处理——光标点取需对称处理的线段（光标成手指形）。

指定图段的对称处理——光标点取需对称处理的图段（光标成"×"形）。

全部图形的对称处理——光标在屏幕空白区时，点取命令键。

任意直线作镜像线的方法：

在屏幕右上角出现"镜像线"提示时，将光标移到作为镜像的直线上（光标成手形），点一下命令键，系统自动作出关于该直线的镜像。

（2）旋转

该菜单下，可作图段自身旋转、线段自身旋转、图段复制旋转、线段复制旋转。

注：图段表示相连的线段。

方法：进入旋转方式后，屏幕右上角显示"旋转中心"，提示选择图形的旋转中心。用光标选定旋转中心位置后，点一下命令键，屏幕右上角提示为"转体"。将光标移至需作旋转处理的图（线）段上（光标成手形），按下命令键（不能释放）并移动鼠标器，图（线）段将随光标绕着旋转中心旋转，参数窗显示当前旋转角度，当旋转角度至指定值时释放命令键，处理完成。此时仍可对旋转中心及旋转角度作进一步的修改，确认后【认可】退出，完成一次旋转。屏幕提示"继续"，可进行下一次旋转。如将光标放回工具包，退出旋转方式。

（3）等分

根据需要可对图形（图段或下跌）作等角复制、等距复制或非等角复制。

方法：进入等分模块后，屏幕提示选择"等分中心"，用光标选定等分中心位置后，点一下命令键，随后屏幕上出现等分参数窗口（见图附-6）。输入等分数和份数（等分：图形在360°范围内的等分数；份数：实际图形的份数），输入后的数据也可以修改。按【认可】退出后，屏幕提示"等分体"，将光标移至需等分处理的图（线）段上任意处，光标成手指形，轻按命令键，系统即自动作等分处理，并显示等分图形。

等距复制：输入间隔的距离和份数。

非等角复制：屏幕上弹出非等角参数窗，依次用大键盘输入以逆时针方向的各相对旋转角度后，按【OK】钮，屏幕显示"中心"，用光标输入等分中心，弹出参数窗后，按【认可】钮退出。屏幕提示"等分体"，光标移至需等分的图段或线段上任意处，光标成手指形时轻点命令键，完成复制。

（4）平移

对图形系统的坐标轴或图（线）段作自身（复制）平移处理。

图（线）段平移——进入平移模块后，屏幕提示"平移体"，将光标移至需平移处理的图（线）段上，当光标成手指形后按下命令键并移动鼠标器，图形将随其移动，参数窗内显示当前平移距离，至需要距离时释放命令键，参数窗内的距离数据可用小键盘再修改。

坐标轴平移——光标呈"＋"字箭头，屏幕右上角提示"坐标中心"，将光标移至需要成为坐标中心的坐标点处，轻点命令键，自动完成坐标系的移动。完成一次平移后，屏幕显示"继续"，可继续进行平移；光标放回工具包结束平移方式。

显示图形中心平移——若需要将屏幕上某一位置移动到屏幕中央，可将光标移到该处，再轻点调整键。系统自动将该处移到屏幕中央。

附6.3　自动编程

1. 切割编程

该模块下对工件图形轮廓作模拟切割。

单击下拉菜单【编辑】→【切割编程】，取【切割编程】。屏幕左下角出现的工具包图符中取出丝架状光标，屏幕右上方显示"穿丝孔"，提示用户选择穿孔位置。位置选定后，按下命令键并移动光标（命令键不能放）至切割的首条线段上（移到交点处光标变成"×"

形，在线段上为手指形），释放命令键。该点处出现一指示牌"▲"，屏幕上出现加工参数窗如图附-12。此时，可对孔位、起割点、补偿量、平滑（尖角处过渡圆半径）作相应的修改和选择，代码统一为 ISO 格式。按【YES】认可后，参数窗消失，出现"路径选择窗"，如图附-13。

注：起割点的选择，具有自动求交功能。例如：起割点选在某一圆周上，将引线连到该圆上（光标成手指形），出现加工参数窗后，用光标点取起割点坐标的数据框（深色框），根据具体要求，只要输入 X 或 Y 坐标中的一个，另一个值系统会自动求出。

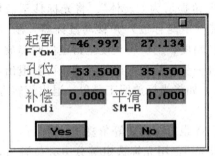

图附-12　加工参数窗

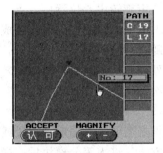

图附-13　路径选择窗

"路径选择窗"中的红色指示牌处代表起割点，左右线段是工件图形上起割点处的相邻线段，分别在窗口右侧用序号代表（C 表示圆弧，L 表示直线，数字表示该线段作出时的序号：0～n）。窗口下部的"＋"表示放大钮，"－"表示缩小钮，用光标每点一下就放大或缩小一次。选择路径时，可直接用光标在右边的序号上轻点命令键，使之变为黑色。若无法辨别序号表示哪一线段时，可用光标移到指示牌两端的线段上，改变呈手指形，同时显示该线段的序号，此时轻点命令键，它所对应的线段的序号自动变黑色，表明路径已选定。路径选定后光标轻点【认可】钮，火花图形就沿着所选择的路径进行模拟切割，到终点时，显示"OK"结束。如工件图形轮廓上有叉道，火花自动停在叉道处，并自动弹出"路径选择窗"，供人工选择正确的路径，继续选择切割直至出现"OK"。

火花图符走遍全路径后，屏幕右上方出现"加工开关设定窗"，其中有五项设定：加工方向、锥度设定、旋转跳步、平移跳步和特殊补偿。

2. 加工方向

加工方向设定项有左右两个方向三角形，分别代表逆/顺时针方向切割，红底黄色三角为系统自动判断方向。（特别注意：系统自动判断方向一定要和模拟火花走的方向一致，否则得到的程序代码上所加的补偿量正负相反。若系统自动判断方向和火花模拟方向相反，进行锥度切割时，所加锥度的正负方向也相反。）若系统自动判断方向与火花模拟切割的方向相反，可用命令键重新设定：将光标移到正确的方向位（以火花方向为准），点一下命令键，使之成为红底黄色三角。

3. 锥度设定

加工有锥度的工件，要进行锥度设定。光标点取"锥度设定"项的【ON】钮，使之变蓝色，屏幕弹出锥度参数窗。参数窗中有斜度、线架、基面三项参数输入框，应分别输入相应的数据。斜度：钼丝的倾斜角度，有正负方向（正角度为上大下小——倒锥，负角度为正锥）。丝架：上下导轮中心间的距离，单位为毫米。基面：下导轮中心到工件下平面间的距离。若以工件上平面为基准面，输入的基面上讲应该是下导轮中心到工件下平面间的距离再加上工件的厚度。参数窗输入后按【YES】钮退出。

4. 旋转跳步

光标按"旋转跳步"项的【ON】钮，使之变蓝色，即出现"旋转跳步参数窗"，其中有"中心"、"等分"、"步数"三项选择。"中心"为旋转中心坐标。"等分"为在360°平面中的等分数。"步数"表示以逆时针方向取得份数（包括本身一步）。选定后按【YES】退出。

平移跳步：光标点取"平移跳步"项的【ON】钮，使之变蓝色，即出现"平移跳步参数窗"，其中有"距离"和"步数"两项选择。"距离"：以原图形为中心，平移图形与原图形在 X 轴和 Y 轴间的相对距离（有正负）。"步数"：共有几个相同的图形（包括原图形）。输入参数后，以【YES】退出。

5. 特殊补偿

在该功能下，可对工件轮廓上的任意部分（按切割方向的顺序）设定不同的补偿量（最大不超过 30 种补偿量）。

方法：光标按"特殊补偿"项的【ON】钮，使之变蓝色，可从工具包图符中取出" "形光标，屏幕右上角出现红色提示"起始段"，把光标移到需要特殊补偿的工件轮廓的首段，光标变手指形，并且出现该段的路径号，点一下命令键；屏幕提示改为"终止段"，再将光标移到相同补偿量的尾段上（光标成手指形），点一下命令键，系统将提示输入该区段的补偿量，键入补偿量后，该特殊补偿段处理完毕。屏幕再次提示"起始段"，用体育的方法可依次处理其他的区段（注：起始段和终止段可在同一线段上，也可在不同的线段上，但是，终止段的段号必须大于或等于起始段的段号，换句话说，必须顺着火花方向顺序设定）。全部区段的补偿量设定完，把光标放回工具包，按命令键退出"特殊补偿"状态。

加工设定完成后，在"加工开关设定窗"中，有设定的以蓝色【ON】表示，无设定的以灰色【OFF】表示。光标轻点参数窗右上角的撤销钮，退出参数窗。屏幕右上角显示红色"丝孔"提示，提示用户可对屏幕中的其他图形再次进行穿孔、切割编程，系统将以跳步模的方式对两个以上的图形进行编程。全部图形编程完成后，将丝架形光标放回屏幕左下角的工具包（用光标轻点工具包图符），即退出编程状态。

退出编程状态后，系统即把生成的输出代码反编译，并且在屏幕上绘出亮白色的线段。若编码无误，两种颜色的线段应重合（或错开一个补偿量或锥度偏出量）。

注：设有锥度的图形代码反译出两个形状相同而颜色不同的图形，与黄色图形基本重合的是 X-Y 平面的代码图形，另一个是 U-V 平面的代码图形。

编程完成后，进入输出菜单，其中有代码打印、代码显示、代码存盘、三维造型和送控制台等选择。

6.【代码显示】

在弹出的参数窗中显示生成的 ISO 代码，以便核对。在参数窗右侧，有两个上下翻页按钮，可用于观察在当前窗内无法显示的代码。光标在两个按钮中间的灰色框上，按下命令键，同时移动光标，可将参数窗移到屏幕的任意位置上。用光标选取参数窗左上方的撤销钮，可退出显示状态。

7.【送控制台】

光标按此功能，系统自动把当前编好程序的图形送入"YH 控制系统"，并转入控制界面。同时编程系统自动把当前屏幕上的图形"挂起"保存。

若控制系统正处于加工或模拟状态时，将出现提示"控制台忙"。

8.【串行口】

系统将当前编制好的代码，从 RS232 口中送出。（可直接送入配置 RS232 口的控制台，如：YHB单片机控制器）。

9. 四轴合成

光标选择此功能后，出现"4-轴合成窗"（图附-14）。窗口中左上角的按钮为撤销钮，窗口中左右各有一个显示窗，左边为X-Y轴平面的图形显示窗，右边为U-V轴平面的图形显示窗。图形显示窗下方有文件输入框，光标点此框，弹出"文件选择"窗，用光标选择所需合成的文件名后退出，该文件的图形即显示在窗口中。在每个显示窗下都表明所合成的图形轴面、文件名、代码条数（两图形的代码条数必须相同）。设置线架高度、工件厚度、基面距离、标度。以上参数均以毫米为单位，应注意工件厚度加上基面距离应小于等于线架高度；一般情况下，标度即为线架高度（对于非UM单位步距的机床，标度为偏出量的折算值）。窗口右下角有两个选择图标：内圆外方形表示上下异形合成，内外方形表示上下同形合成（主要用于斜齿轮一类工件的合成），根据需要点取对应的图标后，在X-Y轴面窗显示出合成后的图形（注：屏幕画出的合成图形示上下丝架的运动轨迹，该图形与工件的实际形状相差很大，如要观察工件的实际形状，可到控制屏幕，用三维功能描绘）。合成后屏幕弹出输出菜单，可进行存盘、送控制台、打印等操作。

四轴合成编程的必要条件：上下两面的程序条数相同、丝孔坐标相同、补偿量相同、加工走向相同。

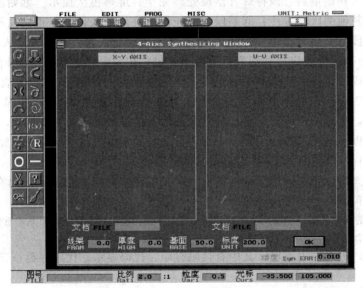

图附-14 四轴合成窗

参 考 文 献

[1] 罗永新. 数控编程. 长沙：湖南科技出版社，2007.

[2] 刘晋春. 数控电火花线切割加工技术. 哈尔滨：哈尔滨工业大学出版社，2004.

[3] 周湛学，刘玉忠. 数控电火花加工. 北京：化学工业出版社，2007.

[4] 邱建忠. CAXA 线切割 V2 实例教程. 北京：北京航空航天大学出版社，2002.

[5] 杨士军. CAXA 数控线切割加工实例教程. 北京：国防工业出版社，2006.

[6] 康亚鹏. 电火花线切割编程技术. 北京：人民邮电出版社，2003.